資料科學：困難部分
卓越資料科學的技巧

Data Science: The Hard Parts
Techniques for Excelling at Data Science

Daniel Vaughan 著

楊新章 譯

O'REILLY®

謹將本書獻給我最愛且仰慕的兄弟 *Nicolas*。

目錄

第二部分　機器學習

前言

要先提醒的是，學習和實踐資料科學非常困難。在希望成為優秀的程式設計師之前，不只要瞭解資料結構及其計算複雜性的細節，還要熟悉 Python 和 SQL。對您來說，統計學和最新的機器學習預測技術應該如同熟悉的第二種語言；想當然耳，您也要能夠應用這一切知識，來解決所有可能出現的實際業務問題。此外，這份工作的困難點也在於您必須是一位出色的溝通者，能夠向非技術人員講述引人入勝的故事，而這些人可能不習慣以資料為基礎做出決策。

所以，大方承認吧：資料科學的理論和實務幾乎是說不出口的困難。任何旨在涵蓋資料科學困難點（*hard part*）的書籍，要不像百科全書般詳盡，要不然就是會優先淘汰掉一些主題。

我也會在一開始就承認，這裡所選擇的主題，都是我認為資料科學的學習困難點，而這個標籤當然很主觀。如果想要讓它不那麼主觀，我會提出這樣的觀點：它們之所以難以學習，不是因為複雜，而是因為此時此刻，這個行業對學習這些主題的重視程度不高，以至於難以在資料科學職業生涯的入門階段，找到相對應的學習資源。因此在實務上，只是因為難以找到相關素材，才讓它們這麼不好學。

資料科學課程通常會強調的，是我稱之為大主題的程式設計和機器學習。但是，其他幾乎所有這份工作需要學到之事，只能祈禱您運氣好，在第一份或第二份工作時就遇到一位良師教導，這實屬大不幸。所以大型科技公司才會這麼美好，因為就算是有點見不得光，對許多從業者來說無法接觸而只能成為公司次文化的主題，它們也擁有同樣龐大的人才。

這本書探討的是能夠幫助您成為更高生產力的資料科學家技巧，分為兩部分：第一部分涵蓋資料分析和資料科學較為軟性的主題，第二部分則全與機器學習（ML）相關。

雖然這本書的各章節可以跳著閱讀，而不會影響學習，但某些章節仍會提到先前內容；大多數情況下，您可以跳過參考資料，內容仍然清楚且不需額外解釋；參考資料主要是在那些看似獨立的主題之間，提供統一說法。

第一部分涵蓋以下主題：

第 1 章：〈摘要重點！用資料科學創造價值〉

資料科學為組織創造價值的角色為何，又要如何衡量？

第 2 章：〈度量設計〉

我認為，資料科學家最適合改進可行動度量的設計，這章將說明這點。

第 3 章：〈增長分解：理解順風和逆風〉

理解業務狀況並提出引人入勝的敘事，是資料科學家的常見需求。本章介紹一些可用來自動化部分工作流程的增長分解（growth decomposition）方法。

第 4 章：〈2×2 設計〉

學習簡單的方法，才可以做更多複雜的事，而 2×2 設計（2×2 design）就可以幫助您達成這項目標，同時改善與利益相關者之間的溝通。

第 5 章：〈建構業務案例〉

在開始專案之前，您應該有一個業務案例（business case），此即本章內容。

第 6 章：〈提升的奧祕〉

提升（lift）很簡單，而且可以加速您也許想以機器學習進行的分析，本章將解釋提升的概念。

第 7 章：〈敘事〉

資料科學家需要提升自己講故事（storytelling），和構建引人入勝的敘事（narrative）能力，這正是這章的內容。

第 8 章：〈資料視覺化：選擇合適的圖表來傳達訊息〉

投入足夠的時間讓資料視覺化（*data visualization*），應該也會有助於構建敘述。本章會討論一些最佳實務。

第二部分與機器學習有關，涵蓋以下主題：

第 9 章：〈模擬和自助法〉

模擬（*simulation*）技術可以幫助您加強對不同預測演算法的理解，相關內容可見這一章，還會討論使用迴歸和分類技術時的一些注意事項。本章還會討論用於找到一些難以計算的估算值（*estimand*）信賴區間自助法（*bootstrapping*）。

第 10 章：〈線性迴歸：回歸到基礎〉

深入瞭解線性迴歸（*linear regression*），能夠理解更進階的相關主題，因此非常重要。這一章會回歸基礎知識，希望提供對於機器學習演算法更紮實的直觀基礎。

第 11 章：〈資料洩漏〉

什麼是資料洩漏（*data leakage*）？要如何識別並預防發生？可見本章的相關介紹。

第 12 章：〈將模型投入生產〉

只有達到生產階段（*production stage*）的模型，才是好模型。幸運的是，這已經是廣為人所知並結構化的問題，這裡會介紹其中最關鍵的步驟。

第 13 章：〈機器學習講的故事〉

有一些很棒的技術可以幫助您打開黑箱，並在機器學習的故事講述方面表現出色。

第 14 章：〈從預測到決策〉

透過資料和機器學習驅動的過程，而提高決策能力以創造價值，本章會展示從預測轉向決策（*prediction to decision*）的方法。

第 15 章：〈增量性：資料科學的聖盃？〉

因果性（*causality*）在資料科學中已經取得了一些動力，但仍認定為相對專業的領域。這一章介紹基礎知識，並提供一些可以直接應用在貴組織的範例和程式碼。

第 16 章：〈A/B 測試〉

A/B 測試（A/B test）是估算替代行動方案增量性的典型範例，這個實驗需要一些統計（和業務）的強大背景知識。

最後一章（第 17 章）非常特別，因為我完全沒有介紹任何技術，而是推測生成式人工智慧（AI）出現後的資料科學未來。先說結論，我預期接下來的幾年內，這個職業的工作內容將會發生根本性的變化，而資料科學家應該為這種變化（革命）做好準備。

這本書適用於各種等級和資歷的資料科學家。而為了完整發揮這本書的價值，您最好具備一些中高階機器學習演算法的知識，因為我不會花時間介紹線性迴歸、分類和迴歸樹，或者像是隨機森林或梯度提升機這類的集成學習器。

本書編排慣例

本書使用以下排版慣例：

斜體字（Italic）

表示新的術語、URL、電子郵件地址、檔名和延伸檔名。

定寬字（Constant width）

用於程式列表，以及在段落中參照的程式元素，例如變數或函數名稱、資料庫、資料型別、環境變數、敘事和關鍵字。

 此圖表示提示或建議。

 此圖表示一般性注意事項。

 此圖表示警告或警示事項。

使用程式碼範例

本書的補充內容（程式碼範例、練習等）可在 *https://oreil.ly/dshp-repo* 下載。

如果您有技術問題，或在使用程式碼範例時遇到問題，請發送電子郵件至 *bookquestions@oreilly.com*。

本書旨在幫助您完成工作。一般而言，如果本書提供了範例程式碼，您可以在您的程式和說明文件中使用它；除非複製程式碼的重要部分，否則無須與我們聯繫以獲得許可。例如，編寫一個使用本書中數個程式碼片段的程式不需要許可。出售或散布 O'Reilly 書籍中的範例程式碼需要許可；引用本書來回答問題並引用範例程式碼不需要許可，將本書中的大量範例程式碼合併到產品說明文件中需要許可。

雖然不需要，但如果註明出處仍讓人感激。一般出處說明包含書名、作者、出版商與 ISBN。例如：*Data Science: The Hard Parts* by Daniel Vaughan (O'Reilly). Copyright 2024 Daniel Vaughan, 978-1-098-14647-4.。

如果您認為自己對程式碼範例的使用超出合理使用範圍或上述許可範圍，請隨時與我們聯繫，地址為 *permissions@oreilly.com*。

致謝

我在 Clip 的內部技術研討會上介紹本書涵蓋的許多主題，因此，要感謝有幸領導、指導和學習的出色資料團隊；他們的專業知識和經驗，對塑造本書內容和形式有著不可或缺的影響力。

我深深感謝編輯 Corbin Collins，他耐心而慷慨地校對了手稿、找到錯誤和疏漏、並提出在許多方面能徹底改進呈現方式的建議。我還要由衷感謝執行編輯 Jonathon Owen，和校對編輯 Sonia Saruba 敏銳的眼光與卓越的技能及奉獻精神，他們的共同付出大幅提升本書品質，對此我永遠感激不盡。

對於在書籍內容和相應程式碼中找到錯誤和排印錯誤的技術審閱者，以及提出改進呈現方式建議的審閱者，我在此表達衷心的感謝。特別要感謝 Naveen Krishnaraj、Brett Holleman 和 Chandra Shukla 提供的詳細回饋，很多時候我們意見並不一致，但他們建設性的批評既謙遜又堅定；不用說，其餘所有錯誤都歸因於我。

我知道我的狗狗 Matilda 和 Domingo 絕對不會讀到這段話，但我對牠們永遠感激不盡，感謝牠們提供無窮的愛、笑聲、溫柔和陪伴。

我也要感謝朋友和家人的無條件支持與鼓勵。特別感謝 Claudia：在我一遍又一遍地討論這些想法時，即使對您來說毫無道理，但您無條件的耐心總令我難以言表。

最後，我要感謝無數在資料科學領域工作的研究人員和實務工作者，他們的工作激發和啟發這本作品。如果沒有這些奉獻和貢獻，就不會有這本書了，而我很榮幸能成為這個充滿活力的社群的一部分。

感謝大家的支持。

## 第一部分

資料分析技術

摘要重點！
用資料科學創造價值

資料科學（data science, DS）在過去的二十年中取得了令人矚目的成長，從最初只有矽谷頂尖科技公司才負擔得起的相對小眾領域，發展成為現今許多跨足各個行業和國家的組織都在參與的領域。然而，許多團隊仍然不知如何計量它所能對公司產生的價值。

因此，DS 對組織的價值為何？我發現各層級的資料科學家都在苦思這個問題，無怪乎組織本身也答不出來。我在第 1 章的目標，就是勾勒出一些創造 DS 價值的基本原則，相信理解和內化這些原則，可以幫助您成為更優秀的資料科學家。

價值何在？

公司的存在，是為了為股東、顧客和員工，希望也包括整個社會創造價值，自然而然，相對於其他替代方案，股東更期望他們的投資能獲得回報，顧客也想從產品的消費中獲得價值，並期望這價值至少大於他們支付的價格。

原則上，所有團隊和功能都應以某種可測量的方式，為創造價值的過程做出貢獻；但在許多情況下，要量化這一點並不容易，DS 就必須和這種不可測量性打交道。

我編寫的作品《Analytical Skills for AI and Data Science》（O'Reilly），提出使用資料來創造價值的一般方法（圖 1-1）。這個想法很簡單：資料本身並不會創造價值，它的價值來自於使用做出決策的品質。一開始，您描述公司目前和過去的狀態，這通常會使用傳統的商業智慧（business intelligence, BI）工具，例如儀表板（dashboard）和報告等完成；而使用機器學習（machine learning, ML），則可以預測（*prediction*）未來狀態，並

試圖避免決策過程的困難性和不確定性；如果能夠自動化和優化（*optimize*）決策過程的某些部分，則是再好不過。本書的主題，就是在是幫助實務工作者使用資料做出更好的決策，這裡先不多說。

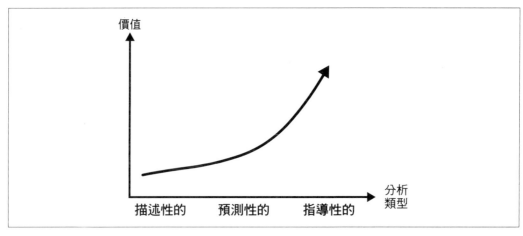

圖 1-1　使用資料建立價值

儘管這可能很直觀，但我發現這種描繪過於一般性和抽象，難以讓資料科學家在實務中使用，因此隨著時間過去，我將其轉化為一個框架，在介紹敘事主題時（第 7 章）也會派上用場。

大原則基本上不變：透過提升組織的決策能力，增加價值。為此，您真的需要瞭解手上的業務問題：什麼！（*what*），深入思考影響這些問題的手段：摘要重點！（*so what*），並對此採取積極主動的態度：現在該怎麼辦？（*now what*）。

什麼！瞭解業務

我常說，資料科學家應該和他們的利益相關者一樣瞭解業務。而在這裡，業務的範疇無所不包，從營運的事務，如瞭解和提議新的度量（第 2 章），以及他們的利益相關者可以操縱的手段，即拉動的「槓桿」（lever），到支撐業務的基礎經濟和心理因素，例如，驅使消費者購買產品的動機等。

對於資料科學家來說，要學習這些內容似乎很多，尤其是因為您需要不斷更新那些一直在發展的技術工具箱相關知識。但真的需要這樣嗎？難道不能只專注於演算法、技術堆疊和資料的有趣技術，而讓利益相關者專注於他們不那麼有趣的工作嗎？

我要先聲明的是，業務也很有趣！就算您不覺得這很令人振奮，如果資料科學家想要讓實際決策者聽到他們的聲音，絕對有必要贏得利益相關者的尊重。

在繼續之前，讓我強調一點，資料科學家很少是業務戰略和戰術的實際決策者：那實際上就是利益相關者，市場行銷、財務、產品還是銷售也好，也有可能是公司中的任何其他團隊。

要如何達成這一點？以下是我認為有用的一些建議：

參加非技術性會議

沒有教科書會教您業務的具體內容；您必須真的參與其中，並從組織中的集體知識中學習。

與決策者共事

確保參加會做出決策的會議。我在組織中最常為團隊用的理由就是，如果他們在場，對每個人來說都會是最有利；舉例來說，不瞭解業務細節的話，怎麼可能為模型策劃出色的特徵呢？

學習關鍵績效指標（KPI）

相對於組織的其他部分，資料科學家有一個優勢：他們擁有資料，並且經常收到計算和呈現團隊關鍵度量的要求，因此必須學習這些關鍵度量。這聽起來很理所當然，但許多資料科學家認為這很無聊，而且由於他們與度量方法無關，也就是說，他們很可能不用負責達到目標，所以很開心地將這個工作丟給利益相關者。但實際上，資料科學家應該要是度量設計的專家（第 2 章）。

保持好奇心並持開放態度

資料科學家應該永保好奇心。我指的是不要羞於提問問題，挑戰組織中的既定事實。有趣的是，我發現許多資料科學家缺乏這種整體好奇心，好在這是可以學習的，本章最後就會分享一些資源。

建立分散式結構

這可能無法取決於您，或您的上司或您上司的上司，但在公司這樣的團隊使用資料科學，將有助於達成業務專業化，甚至帶來信任等其他明顯正面性質。分散式的資料科學結構組織，會有各種不同背景的團隊成員，如資料科學家、業務分析師、工程師或產品等，並且能夠讓每個人都成為自己領域的專家；相反的，有一組「專家」讓整個公司組織的顧問中央集權化也具有優勢，但在獲得必要業務專業知識這方面就差了點。

摘要重點！在資料科學中創造價值的精髓

您的專案對公司的重要性為何？為什麼大家要在乎您的分析或模型？更重要的是，這會帶動什麼行動？這是本章討論的核心問題，順帶一提，這也是資料科學用來界定資深程度的屬性之一。在面試應徵者時，除了必要的技術篩選問題外，我都會馬上進入摘要重點！（*so what*）層面。

以下錯誤層出不窮：資料科學家花很多時間執行他們的模型或分析，但在展示時，只會顯示漂亮的圖表和資料視覺化，真的。

不要誤會，解釋手上資料非常重要，因為利益相關者通常不太瞭解資料，或資料的視覺化，尤其是對於較具技術性的東西，但他們絕對可以理解報告中的圓餅圖。不過您不應該止於此，第 7 章將介紹講述故事的實際情況，讓我提供一些發展這種技能的一般性指南：

從一開始就思考「摘要重點！」的重要性

每當決定啟動一個新專案時，我總是反向解決問題：決策者會如何使用我的分析或模型結果？他們手上有哪些方法？好不好用？這些問題都有答案之後，才能開始。

記錄下來

一旦您弄清楚了摘要重點！把它寫下來絕對是一個好習慣，不要讓它在許多技術層面淪為次要角色。很多時候，我們都會深陷技術細節而迷失了方向，如果能把它寫下來，這些摘要重點！將在絕望時成為您的指路北極星。

理解手段

摘要重點！的核心要能行動。您關心的 KPI 通常無法直接行動，因此您或公司中的某人需要發揮手段，嘗試影響諸如價格、行銷活動或銷售獎勵等度量。您需要深入思考可能的行動方案。同時，請隨時跳脫框架思考。

考慮您的受眾

他們在乎的是您在預測模型中使用的那些花俏新模型，還是在乎如何使用您的模型來改善他們的度量？我猜是後者：如果您能幫助他們成功，您也將成功。

現在該怎麼辦？成為積極行動者

如同前面所提，資料科學家通常不是決策者。資料科學家和利害關係人之間存在的是共生關係：您需要他們將您的建議付諸實踐，而他們需要您改進業務。

我見過最優秀的資料科學家，都是積極行動派，他們從頭到尾掌管整個專案：確保所有團隊都發揮作用，培養了必要的利害關係人管理能力和其他所謂的軟技能，以確保事情順利進行。

不幸的是，許多資料科學家處於相反的極端。他們認為自己的工作是技術活，也只要搞定技術就好，除了自己的專業，其他事一概不理會。

即使產品經理不同意也不要害怕提出針對產品的建議，也不要因為行銷相關人員認為您越權了，就不敢提出替代溝通策略。

話雖如此，還是要保持謙虛。如果沒有專業知識，在進入現在該怎麼辦？領域之前，我建議還是回到什麼！步驟，先成為一位專家。

測量價值

您的目標是創造可測量的價值。要怎麼做到這一點呢？以下為一個普遍適用的技巧。

一個資料科學家執行操作 X 以影響度量 M，希望它能改善當前的基線（baseline）。您可以將 M 想像成 X 的一個函數：

$$X\text{的影響} = M(X) - M(\text{基線})$$

可加入顧客流失預測模型來實踐這個原則：

X

　　顧客流失預測模型

M

　　顧客流失率，即在 $t-1$ 期間活躍的使用者中，在 t 期間不活躍的百分比

基線

　　分割策略

請注意，M 不是 X 的函數！不管有沒有預測模型，流失率都相同。該度量只有在對模型操作輸出時才會改變。您看得出價值如何從行動中產生，而非資料或模型中產生嗎？因此，讓我們調整這個原則，以更清楚地指出行動（A）對度量的影響：

$$X的影響 = M(A(X)) - M(A(基線))$$

您可以使用哪些手段？眼看下個月使用者就會進入停滯期，就可以啟動例如折扣或溝通活動（communication campaign）等，都是很常見的情境。

接著應用什麼！摘要重點！現在該怎麼辦？框架：

什麼！

公司內部如何衡量顧客流失？這是否為最好的方法？擁有該度量的團隊如何努力減少「基線」？使用者為什麼不再活躍？為何流失顧客？對利潤和損失的影響為何？

摘要重點！

該如何使用機率分數？能幫助他們找到要測試的替代手段嗎？是否有價格折扣可用？還是要用忠誠度計畫？

現在該怎麼辦？

需要向公司內部參與決策和營運過程的人員提供什麼？需要法務或財務的批准嗎？產品部門對提出的變更滿意嗎？活動何時上線？市場行銷是否準備好了？

容我強調摘要重點！和現在該怎麼辦？的重要性。您可以擁有一個優秀且有預測能力的機器學習模型。但如果實際決策者採取的行動不影響度量，您的團隊價值，也就是摘要重點！將化為烏有。在積極的方法中，您實際上要幫他們想出替代方案，這正是瞭解問題和成為專家的重要性。但您需要確保現在該怎麼辦？，用我的話說，您必須擁有 $M(A(X))$，而不只是 X。

一旦量化了模型的增量性（incrementality），就該將其轉化為價值。有些團隊樂於宣稱減少顧客流失量了，然後就此止步；即使在這樣的情況下，直接說出價值也很有用，如果您能顯示為公司帶來多少增值，就更容易為您的團隊爭取更多資源。

以此為例，有很多種方法可以達成這一點。最簡單的方法是定義字面上的價值。

假設每位使用者的月均收入為 R，公司擁有的基礎活躍使用者為 B：

$$流失成本(A, X) = B \times 流失(A(X)) \times R$$

如果您有 100 位每月帶來 7 美元的使用者，並且每月流失率為 10%，則公司每月會損失 70 美元。

增量金額指的是具有模型時和沒有模型時之間的成本差異。將公共項除去後，可以得到：

$$\Delta\text{流失成本}(A, \text{基線}, X) = B \times \Delta\text{流失}(A; X, \text{基線}) \times R$$

如果先前使用的分割策略每月節省了 70 美元，而現在專注的機器學習模型創造的是節省 90 美元，則組織的增值為 20 美元。

更複雜的方法還會包括其他產生各種價值的變化，例如，偽陽性和偽陰性的成本：

偽陽性（*false positive*）

針對用戶祭出會花公司錢的方案很常見，但有些使用者是怎樣都不會流失。這些手段的成本可以衡量，例如，給予 100 位使用者價格 P 的 10% 折扣，但其中只會流失 95 位，表示贈送出 $5 \times 0.1 \times P$ 的偽陽性成本。

偽陰性（*false negative*）

由於預測不準確而產生的機會成本，來自最終流失但基線方法未偵測到的使用者收入，可以使用剛才介紹的方程式來計算這些成本。

主要重點

本章重點可總結如下：

公司的存在是為了創造價值。因此，團隊應該創造價值。

無法創造價值的資料科學團隊，對公司來說就是奢侈品。DS 的熱潮為您帶來了一些生存空間，但想要存活下去，就要確保 DS 的業務案例對公司來說是正面的。

價值會透過決策而創造。

DS 的價值，來自透過您所知道並熱愛的那些以資料和證據為主的工具包，而提高公司的決策能力。

價值創造的要點在於「摘要重點！」。

如果您的模型或分析創造不出可行動的見解，就停在起點。深入思考手段，成為您業務的專家。

培養您的軟技能。

一旦有了模型，或分析並提出可行動的建議，就要確保能端到端的傳達。對於利益關係者的管理相當重要，但善解人意也同樣重要；如果對業務瞭如指掌，就不要害羞，勇於提出建議。

深入閱讀

我的書《Analytical Skills for AI and Data Science》（O'Reilly）也有涉及一些相關主題，可查看並學習提問和找出業務問題完美手段的章節。

在學習好奇心方面，要記得人天生就充滿好奇，孩子總愛問問題，只是隨著長大成人而遺忘這一點，有可能是因為有自覺心，或擔心自己顯得無知，想克服這些心理障礙，可以查看 Warren Berger 的《A More Beautiful Question: The Power of Inquiry to Spark Breakthrough Ideas》（Bloomsbury），或 Richard Feynman 的一些著作，如《The Pleasure of Finding Things Out》（Basic Books）。

在發展基礎社交和溝通技能方面，也有很多資源和很多事情需要學習，Rick Brandon 和 Marty Seldman 的《Survival of the Savvy: High-Integrity Political Tactics for Career and Company Success》（Free Press），能教您用極為實際的方式，應對公司的人際關係。

Jocko Willink 和 Leif Babin 的《Extreme Ownership: How U.S. Navy Seals Lead and Win》（St. Martin's Press）提出了優秀領導者，所應該行使的「極端」端到端所有權（end-to-end ownership）觀點。

Chris Voss 和 Tahl Raz 的《Never Split the Difference》（Harper Business）可幫助您培養極為出色的必要談判技巧，而經典且眾人常引用的 Dale Carnegie 作品：《人性的弱點：卡內基教你贏得友誼並影響他人》（How to Win Friends and Influence People, Pocket Books），應該也能夠幫助您發展一些對於成功來說相當關鍵的稍軟技能。

## 第二章

度量設計

我有一個論點，出色的資料科學家，同時也會擅長度量（metric）設計。什麼是度量設計？簡單說，這是一門找出具有良好特性度量標準的藝術和科學。我會很快說一下其中的理想特性，但首先要說說資料科學家應該擅長這個領域的原因。

用最簡單的說法就是：如果不是我們，還有誰可以做這件事？理想情況下，組織中的每個人都應該擅長度量設計。但是，資料從業者最適合這項任務，因為資料科學家一直在使用度量：包括計算、報告、分析，並希望能夠優化它們。以 *A/B* 測試為例：每個好測試的起點都來自正確的輸出度量；機器學習（ML）也有類似的基本原理：獲取正確的結果度量至關重要。

度量應該具備的特性

公司為什麼需要度量？如同第 1 章所論述的，好的度量可以帶動行動。有了這個成功準則，讓我們逆向思考這個問題，並確定成功的必要條件。

可測量

度量在定義上就是可測量的。不幸的是，許多度量並不完美，學會認出它們的缺點將讓您受益匪淺。所謂的代理（*proxy*）度量，或直接稱代理（*proxy*），通常與期望的結果相關，需要瞭解使用它們的利弊[1]。

1　例如，在線性迴歸中，特徵上的測量誤差會使參數估計產生統計偏差。

有個簡單的例子是意圖性（*intentionality*）。假設您想瞭解早期流失（*early churn*），也就是新使用者的流失原因，因為有些人實際上並未打算使用產品，只是試用而已；如此，測量意圖性將能有效改善您的預測模型。但意圖性實際上並不容易測量，因此需要尋找代理，例如瞭解應用程式的用法之後，和開始使用它之間的時間間隔。我認為，開始使用應用程式的速度越快，就代表有越強烈的意圖。

另一個例子是增長從業者使用的習慣（*habit*）概念。應用程式的使用者通常會完成引導過程、嘗試產品（發出「啊哈！」的時刻）、並希望能藉此養成習慣。哪些證據表明使用者達到了這個階段？這裡常見的代理是使用者第一次嘗試使用後 X 天間的互動次數。對我來說，「習慣」完全與重複（*recurrence*）有關，不論這對不同使用者來說代表什麼意思。以此來看，代理最多只是重複的一個早期指標。

可行動性

為了推動決策，度量必須具有可行動性（actionable）；不幸的是，許多最高層級（top-line）度量不具行動性。例如收入（*revenue*）：它取決於使用者購買產品，而這是無法強迫的。但是，如果您將度量分解為子度量，可能會出現一些有效的手段，正如我等一下展示的範例。

相關性

度量對於手上的問題是否具有資訊性？可稱之為相關性（*relevance*），因為它強調度量只對特定業務問題具有價值。也可以使用資訊性（*informative*），但是所有度量都對某事具有資訊性，而相關性則是指擁有正確度量，以正確解決問題的特性。

及時性

好的度量在您需要它們時會推動行動。如果我發現自己已是癌症末期，醫生也沒辦法做太多事情；但是如果我定期檢查，他們可能會發現早期症狀，從而為我提供多種治療方案。

顧客流失是另一個例子。通常會使用長度為一個月的不活動視窗以測量和報告，上個月活躍的使用者在下個月轉為不活躍的百分比。不幸的是，這個度量可能會產生偽陽性：有些使用者只是休息一下，並未真正流失。

獲得更強固度量的方法之一，是將不活躍視窗從一個月增加到三個月，時間視窗越長，使用者只是休息一下的可能性就越小。但是新的度量在及時性（timeliness）方面已經降低：您現在必須等待三個月才能標記一個已流失的顧客，而這樣可能會來不及發起留客活動。

度量分解

透過分解度量，可能可以改善這些屬性中的任何一個，以下將詳細介紹一些技巧，會幫助您達成這一目標。

漏斗分析

漏斗（funnel）是一系列依序進行的動作。例如，在前面的習慣範例中，使用者首先需要設定他們的帳戶、嘗試產品、然後定期使用；若是擁有漏斗，就可以使用簡單技巧來找到子度量。我將先以抽象方式展示這個技巧，再提供一些簡單範例。

圖 2-1 為典型漏斗：從入口點 E 到輸出 M 的階段序列（此處的這些符號同時也都代表相應度量）。我的目標是改進 M，內部階段表示為 s_1、s_2、s_3，每個都提供一個具有相應索引的度量。

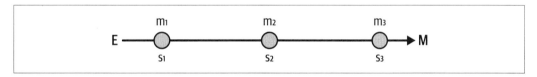

圖 2-1　典型漏斗

分解方法如下：從右到左移動、乘以當前的子度量、然後除以前一個子度量。為了確保您永遠不會失去相等性，請在結束時乘以漏斗開始處的度量（E）。請注意，在取消公共項之後，最終結果是 $M = M$，確保它的確分解自原始度量。

$$M = \frac{M}{m_3} \times \frac{m_3}{m_2} \times \frac{m_2}{m_1} \times \frac{m_1}{E} \times E$$

每個分數都可以解釋為轉換率，即在前一階段可用的單元中，有多少百分比達到了目前階段。通常，這些子度量中的一個或全部都具有比原始度量 M 更好的性質。瞭解這個技巧後，就可以將其付諸實踐了。

典型的銷售漏斗會如下，我的目標是增加銷售，但這需要幾個步驟，這裡會簡化漏斗：

- 潛在顧客產生（L：潛在顧客數量）
- 第一次聯繫（C_1：第一次聯繫的次數）
- 第二次聯繫（C_2：第二次聯繫的次數）
- 提出報價（O：提出的報價次數）
- 成交銷售（S：銷售數量）

分解如下：

$$S = \frac{S}{O} \times \frac{O}{C_2} \times \frac{C_2}{C_1} \times \frac{C_1}{L} \times L$$

要增加銷售次數，可以增加潛在顧客數量，或增加各階段之間的轉換率。這之中的某些行動會與資料科學家有關，例如提高潛在顧客的品質；而其他行動則可能與銷售團隊有關，例如，是否有足夠的第一次聯繫；沒有的話，公司可能需要增加銷售人員的規模或聘請不同人員。也許他們應該改變談判或價格策略，以提高報價成交率，甚至可以針對產品改善！也是有可能已擁有最好潛在顧客或最好銷售團隊，但仍然缺乏產品 - 市場契合度。

庫存 - 流量分解

想知道累積度量時，庫存 - 流量分解（*stock-flow decomposition*）就很有用。首先要先定義以下概念：庫存（*stock*）變數是會累積並在特定時間點測量的變數；流量（*flow*）變數則不會累積，而且是在一段時間內測量。最好的例子就是以浴缸說明：時間 t 的水量等於時間 $t-1$ 的水量、加上這兩個時間點之間開水龍頭而灌入的水量、再減去流失水量。

想瞭解月活躍使用者（Monthly Active User, *MAU*）時最常用到這個方法。以下先寫出分解方式再來評論：

$$MAU_t = MAU_{t-1} + 新增使用者_t - 流失使用者_t$$

如果目標是增加公司的 *MAU*，方法有獲取更多顧客，或減少顧客流失量。新增使用者（*Incoming Users*）可能分為新使用者（*New Users*）和回頭使用者（*Resurrected Users*），這樣提供至少一種新的控制手段。

類似分解方法適用於任何庫存變數，例如銀行帳戶中的餘額。

P×Q 型分解

另一種常見情境是試圖提高收入。這裡的訣竅是乘以和除以一個合理的度量，以得到最容易利用的子度量：

$$\text{收入} = \frac{\text{收入}}{\text{售出單元數}} \times \text{售出單元數} = \text{單元價格} \times \text{銷售量}$$

以上說明將收入分解為單元（平均）價格和銷售量的乘積：$R = p \times q$ 的方式。要增加收入，可以提升價格或銷售量；有趣的是，銷售量與價格的關係是負相關，因此這種關係非線性，使其成為收入優化的首選工具。

範例：另一種收入分解

既然收入是來自活躍使用者，當然可以嘗試類似分解，這對於某些問題以及方法選擇可能很有價值：

$$\text{收入} = \frac{\text{收入}}{\text{MAU}} \times \text{MAU} = \text{ARPU} \times \text{MAU}$$

我剛剛將收入表達為每位使用者平均收入（Average Revenue per User, ARPU）和活躍使用者的函數。如果想找到更多槓桿，可以插入 MAU 庫存方程式；同樣的，也可以插入 $p \times q$ 的分解以擴展這個列表。

範例：市場

最後舉一個例子，試想有一個市場，能將買家（B）和賣家（S）匹配的雙邊平台，例如 Amazon、eBay、Uber 和 Airbnb 等例子。

先試想一個簡化的漏斗：

賣家 → 物品清單 → 查看數 → 購買數

以此解讀，公司首先吸引賣家，賣家開始列出商品，一一查看，最終完成購買；因此，目標是增加購買數。

根據漏斗邏輯，這可翻譯為以下，大寫字母表示每個步驟中的相應度量：

$$P = \frac{P}{V} \times \frac{V}{L} \times \frac{L}{S} \times S$$

為了涵蓋市場的另一側，可以應用前面討論的另一個技巧，使總查看的項目數，等於買家數乘以每個買家的平均查看次數：

$$V = \frac{V}{B} \times B$$

經過一些重新排列後，得出：

$$P = \frac{P}{V} \times \frac{V}{B} \times \frac{L}{S} \times \frac{1}{L} \times B \times S$$

由此得出，要增加購買數，您可以選擇：

- 提高結帳效率（P/V）
- 提高買家參與度（V/B）
- 提高賣家參與度（L/S）
- 增加買家或賣家的數量

為了確保等式得以保持，我有一個缺乏明顯解釋的額外項（$1/L$）。但實際上不用關心這個額外的項，因為現在有了可以用不同方式操縱的 5 個子度量[2]。

主要重點

本章重點可總結如下：

您需要良好的度量來推動行動。

如果您的目標是找到可以推動行動的槓桿，則度量設計至關重要。我已經反推這個問題，而得出一些度量設計的理想特性。

---

2 如果查看來自於隨機從列出的項目集，可以給這個額外的項一個機率解釋。但這樣也就違背了分解的目的。

具有良好特性的度量。

好的度量必須具備可測量性、可行動性、相關性和及時性等特性。

將度量分解為子度量，可以改善這些特性。

漏斗型分解易於使用，一旦熟悉它們，會發現它們無所不在。

透過乘以或除以度量的簡單技巧，可以更進一步。但是，選擇度量並不容易，需要徹底瞭解業務。

度量設計是一個迭代的過程。

從不完美的度量開始也不是問題，但將其作為一個不斷迭代的過程會更為優越。

深入閱讀

如果還想獲得其他相關資訊，可以查閱我的書《Analytical Skills for AI and Data Science》，但都比不上本章全面性的介紹實際使用技巧，不過這本書有說明使用 $R = p \times q$ 分解來優化收入的方法。

增長愛好者的度量設計等相關討論，可以見這本書：《Hacking Growth: How Today's Fastest-Growing Companies Drive Breakout Success》（Sean Ellis 和 Morgan Brown 著，Currency 出版）。

還有一本，雖然與度量設計無關，但有談到「目標和關鍵結果」（OKR）：《Measure What Matters》（John Doerr 著，Portfolio 出版），絕對值得一讀，我就是使用這裡介紹的技術，找到特定團隊會針對的子度量。其他據我所知，從資料科學的角度來看，沒有已發表的資源涉及這些主題。

## 第三章

增長分解：理解順風和逆風

第 2 章描述了一些找到可以推動行動的更好度量技巧，這一章則將處理完全不同的主題：分解度量，以瞭解度量發生變化之因的方法。套一句商業行話，這些變化通常與順風（*tailwind*）或逆風（*headwind*）相關，即影響公司狀態的正向或負向因素。

為什麼需要增長分解？

資料科學家經常接收到幫助理解度量變化根本原因的指令。為什麼季增率（quarter over quarter, QoQ）或月增率（month over month, MoM）會增加？根據我的經驗，這些問題很難回答，不只是因為同時可能發生很多事情，而且因為其中會有一些無法直接測量的潛在原因，或無法提供足夠變化的資訊[1]。典型的例子包括經濟狀況或法規環境的狀態，以及競爭對手的決策。

儘管如此，我發現您可以使用一些其他變化的來源，當與以下技巧結合使用時，這些變化會暗示您到底發生了什麼事。

加法分解

正如其名，加法分解（additive decomposition）在您想要理解的度量（輸出），可以表達為其他度量（輸入）之總和時非常有用。在兩個輸入的情況下，可以表示為 $y_t = y_{1,t} + y_{2,t}$。請注意，我以使用時間作為下標。

---

[1] 第 10 章會討論需要在輸入中有變異，以解釋輸出度量變異的原因。

該分解表示從 $t-1$ 到 $t\,(g_{y,t})$ 的輸出增長，是輸入增長率的加權平均值：

$$g_{y,t} = \omega_{1,t-1}g_{y_1,t} + \omega_{2,t-1}g_{y_2,t}$$

其中權重加起來等於 1，$\omega_{1,t-1} + \omega_{2,t-1} = 1$。

重要的是，權重是在前一時期中每個輸入的相對重要性。因此，將賦予在 $t-1$ 中占比較大的輸入更高的權重。

範例

加法設定在資料倉儲中很常見，可分為事實表（fact table）和維度表（dimensional table）。我發現拿文法來類比能有效區分這兩者：事實反映行動或為動詞，而維度是描述該動作的副詞；事實表通常用來儲存與公司相關的度量，而維度表則儲存能幫助您理解度量的維度。

以下是產生所需輸入資料集的典型 SQL 查詢：

```
SELECT DATE_TRUNC('MONTH', ft.fact_timestamp) AS month,
       dt.dimension1 AS dim_values,
       SUM(ft.my_metric) AS monthly_metric
FROM my_fact_table ft
LEFT JOIN my_dim_table dt ON ft.primary_key = dt.primary_key
GROUP BY 1,2
ORDER BY 1,2
```

例如，該度量可能是顧客購買數，您希望按地理區域細分。由於總銷售額必須是跨地區銷售額的總和，此分解將非常有幫助，能幫忙瞭解一個或多個地區的增長率，是否是全國等級的加速或減速主要驅動因素。

以下範例查詢的重點在輕鬆地建立一個使用不同維度，來拆分度量聚合表的方法。過程如下：

1. 建立一個定期在不同維度上更新聚合表的流程。
2. 編寫一個為一個維度計算分解，並將結果輸出為表的腳本（參見 GitHub 儲存庫：*https://oreil.ly/dshp-repo*）。
3. 使用該腳本遍歷所有維度。
4. 最終得到包含所有變異來源的表格。

在這一點上，需要對業務有足夠知識，以識別變化模式；這通常是最困難的部分，需要深入瞭解業務。

解讀和應用案例

正如前文所提，使用加法分解時，輸出的增長率等於輸入增長率的加權平均值。儘管如此，我更喜歡用每個分段或維度值來看增長貢獻，其中每個貢獻等於滯後（lagged）權重和相應增長率的乘積。

簡化加法分解

輸出的增長 ＝ 各輸入對增長的貢獻和

當您有幾個可以同時使用，並且會共同提供有關潛在因素提示的維度時，這種分解特別有用。

回到銷售的例子，您可以使用地理區域、商店所在地區的社會經濟地位（socioeconomic status, SES），以及某種類型的顧客分段，例如按任期劃分等，來應用分解。

可能得到這樣的結論：全國銷售的月增率下降了 7 個百分點（percentage point, pp），主要原因是：

- 西南地區月增率下降了 14 個 pp。

- 高 SES 區域的商店減速較快。

- 減速在各個任期間相對平均。

正如之前的警告，請注意您並未真正找到根本原因；最多只有足夠的線索來解釋變化的原因。西南地區的經濟是否正在減速？這些商店的價格有何變化？高 SES 顧客的滿意度如何？

圖 3-1 是模擬範例的區域貢獻瀑布圖（waterfall plot）。在這個案例中，全國等級下降了 4.6%，主要是由於西北地區 5.8 個 pp 的強烈減速所導致。西南和西部地區也減速，而南部則強勢上升。

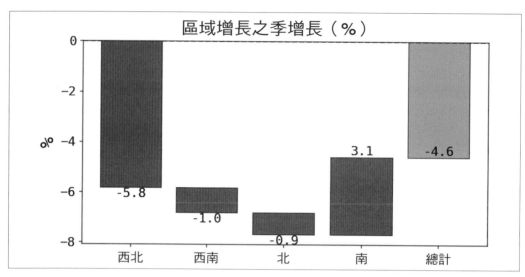

圖 3-1　各區域對增長的貢獻

乘法分解

乘法分解（*multiplicative decomposition*）適用於輸出度量可以表達為兩個或更多輸入的乘積時。第 2 章說明在許多設定中這些會自然產生的情況，例如 $p \times q$ 的案例。

分解表示，每當 $y_t = y_{1,t} \times y_{2,t}$，則：

$$g_{y,t} = g_{1,t} + g_{2,t} + g_{1,t} \times g_{2,t}$$

簡而言之，輸出的增長率等於增長率的總和，以及一個綜合效應。

範例

若使用第 2 章的收入分解，看看這些每位使用者平均收入（ARPU）和月活躍使用者（MAU）的乘積：

$$收入 = ARPU \times MAU$$

如果收入增長，可能是因為 ARPU 加速、MAU 增加，或兩者同向變化。更重要的是，使用分解，您實際上可以量化每個因素。

圖 3-2 是模擬 ARPU 範例分解的可能視覺化。在此案例中，MoM 增長的主要驅動因素是，每位使用者平均收入有可見的加速，如貢獻約 31 個 pp，或約為總收入增長的 96%。請注意，綜合效應非常小，因為它是輸入增長率的乘積；如果它真的微不足道的話，大部分時候可以直接忽略 [2]。

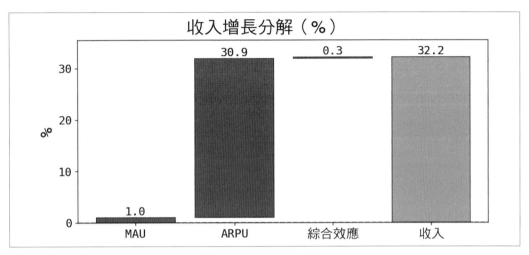

圖 3-2　ARPU 的乘法分解

解讀

設定為乘法時，輸出的增長是輸入增長的總和加上綜合效應，就超過兩個輸入的情況來說，這仍然成立，但需要加上綜合效應的總和。

簡化乘法分解

輸出增長 = 各輸入增長的總和 + 綜合效應

混合率分解

混合率分解（*mix-rate decomposition*）綜合加法分解和乘法分解的一些特點。假設輸出度量是其他度量的加權平均值：

2　如果您使用對數轉換（log transformation），則可以使用泰勒展開（Taylor expansion）來獲得相同的結果，即產品的增長率只是輸入增長率的總和。

$$y_t = \sum_s w_{s,t} x_{s,t} = \mathbf{w_t} \cdot \mathbf{x_t}$$

其中，最後一個等號只是將相應向量的總和表示為點積或內積，用粗體表示。

我會詳細解釋分解並解釋這些術語：

$$\Delta y_t = \Delta_y^x + \Delta_y^w + \Delta\mathbf{w} \cdot \Delta\mathbf{x}$$

其中：

Δy_t

> 輸出度量的一階差分（first difference）。我發現將所有東西都保持為差（difference）而非增長率，通常就能滿足所有需求，並且大大簡化了符號表示。

Δ_y^x

> 如果權重保持在初始值不變，而只有輸入改變，則輸出的變化是多少？此符號表示只允許輸入（上標）改變輸出（下標）。

Δ_y^w

> 如果輸入保持在初始值不變，而只有權重改變，輸出會有怎樣的變化？

$\Delta\mathbf{w} \cdot \Delta\mathbf{x}$

> 這是權重和輸入變化的內積。

我第一次思考這種分解時，直觀地從第二和第三點出發，它們反事實，也就是說無法觀察，而且對於講故事而言相當有用。第二點和第三點概述了輸入或權重的變化個別影響輸出度量的方式，強調這些面向可以更清楚地瞭解每個組成部分促進結果變化的方式，這對講故事來說很重要。由於不符合數學原理，因此我不得不推導。我向利益相關者展示時，他們稱之為混合率（mix-rate）；這個術語好像在很久以前就有人使用了，但搜尋網路後找不到太多資訊，所以我對它起源或使用情況也不是很確定。不過這個術語還算貼切，因為變化有兩個潛在的來源：

- 權重的變化（混合）
- 輸入的變化（率）

範例

加權平均值無處不在，譬如說有一個度量和顧客分段，可以直觀地認為該度量將是分段度量的加權平均值。這在比率（ratio）度量的情況下永遠成立。可以用兩個分段的每位使用者平均收入來嘗試：

$$
\begin{aligned}
ARPU &= \frac{R}{MAU} \\
&= \frac{R_1 + R_2}{MAU_1 + MAU_2} \\
&= \frac{R_1}{MAU_1}\frac{MAU_1}{MAU_1 + MAU_2} + \frac{R_2}{MAU_2}\frac{MAU_2}{MAU_1 + MAU_2} \\
&= \omega_1 ARPU_1 + \omega_2 ARPU_2
\end{aligned}
$$

其中權重是每個分段在該時期的每月活躍使用者的相對份額。如往常一般，權重總和為 1。

圖 3-3 展示這個分解的可能性視覺化方式，用於 ARPU 範例的模擬資料集（包含三個分段）。如果份額沒有變化，ARPU 將增加 3.2 美元（率）；同樣的，如果每個分段的ARPU 沒有變化，每位使用者平均收入將減少 1.6 美元（混合）。

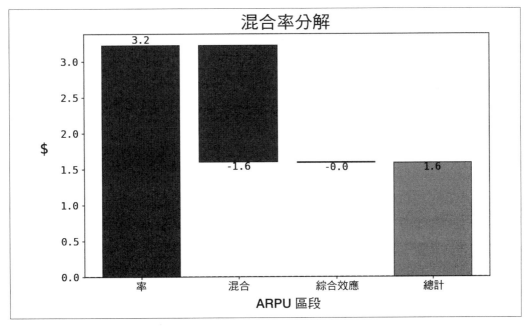

圖 3-3　混合率分解的範例

解讀

要解讀這很簡單：度量的變化等於部分剔除（partialled-out）的部分；也就是將一個元件固定在初始值，並允許另一個發生變化的總和，以及兩者變化的綜合效應。

簡化混合率分解

指標增長 = 各項部分剔除效應的總和 + 綜合效應

如前所述，我發現第一部分在講故事（storytelling）方面相當引人入勝，因為實際上您正在模擬如果只有權重或比率發生變化時，所發生的事。

數學推導

讓我們深入研究數學；瞭解推導過程對於程式設計至關重要。我發現自己因為未使用正確的權重，或者時間下標錯誤，而必須對函數除錯。

接下來的內容，將簡化為只假設有兩個加數（加法分解），乘數（乘法分解）或分段（混合率）。這些可以推廣到更多的輸入或分段。但要小心，如程式碼儲存庫中所見（*https://oreil.ly/dshp-repo*）。

同樣，我將生長速率 x 表示為 $g_t = \frac{\Delta x_t}{x_{t-1}}$，其中 $\Delta x_t := x_t - x_{t-1}$ 表示 x 的第一差分。

加法分解

由於 y 是加法性的：

$$y_t = y_{1,t} + y_{2,t}$$

取輸出的第一差分，然後相加，得到：

$$\Delta y_t = \Delta y_{1,t} + \Delta y_{2,t}$$

最後，取增長率：

$$\frac{\Delta y_t}{y_{t-1}} = \frac{\Delta y_{1,t}}{y_{1,t-1}}\frac{y_{1,t-1}}{y_{t-1}} + \frac{\Delta y_{2,t}}{y_{2,t-1}}\frac{y_{2,t-1}}{y_{t-1}} = \omega_{1,t-1}\frac{\Delta y_{1,t}}{y_{1,t-1}} + \omega_{2,t-1}\frac{\Delta y_{2,t}}{y_{2,t-1}}$$

或

$$g_{y,t} = \omega_{1,t-1}g_{1,t} + \omega_{2,t-1}g_{2,t}$$

乘法分解

由於 y 是乘法性的：

$$y_t = y_{1,t} \times y_{2,t}$$

取輸出的第一差分，然後相加並減去一個額外項（這有助於提出額外項為因子）：

$$\Delta y_t = y_{1,t}y_{2,t} - y_{1,t-1}y_{2,t-1} + y_{1,t}y_{2,t-1} - y_{1,t}y_{2,t-1} = y_{1,t}\Delta y_{2,t} + y_{2,t-1}\Delta y_{1,t}$$

想要獲得增長率，只需要小心一點就好，並記住，所有時期的輸出都是乘法性的：

$$\frac{\Delta y_t}{y_{t-1}} = \frac{y_{1,t}}{y_{1,t-1}}\frac{\Delta y_{2,t}}{y_{2,t-1}} + \frac{y_{2,t-1}}{y_{2,t-1}}\frac{\Delta y_{1,t}}{y_{1,t-1}} = \left(1 + g_{1,t}\right)g_{2,t} + g_{1,t} = g_{1,t} + g_{2,t} + g_{1,t}g_{2,t}$$

請注意，如果有兩個以上的輸入，需要對所有產品組合求和。

混合率分解

回顧一下，對於混合率的情況，輸出度量可以表達為各分段度量的加權平均：

$$y_t = \mathbf{w_t} \cdot \mathbf{x_t}$$

其中權重相加為 1，粗體字母表示向量。

在此案例我將反向操作，讓您看出在一些簡化之後將得到的原始運算式。這可能不是最優雅的方式，但我寧可這樣做，而不是加上和減去那些不知道來自何處的項。

$$\begin{aligned}
\Delta_y^x + \Delta_y^w + \Delta\mathbf{w} \cdot \Delta\mathbf{x} &= \underbrace{\mathbf{w_{t-1}} \cdot \Delta\mathbf{x} + \mathbf{x_{t-1}} \cdot \Delta\mathbf{w} + \Delta\mathbf{w} \cdot \Delta\mathbf{x}}_{\text{替換定義}} \\
&= \underbrace{\Delta\mathbf{x} \cdot \left(\Delta\mathbf{w} + \mathbf{w_{t-1}}\right) + \Delta\mathbf{w} \cdot \mathbf{x_{t-1}}}_{\text{提出 } \Delta\mathbf{x}} \\
&= \underbrace{\mathbf{x_t}\mathbf{w_t} - \mathbf{x_{t-1}}\mathbf{w_{t-1}}}_{\text{化簡}} \\
&= \Delta y_t
\end{aligned}$$

主要重點

本章重點可總結如下：

時間變化的根本原因通常難以找出。

　　需要驅動因素中足夠的變化，才能估算影響。

增長分解對於獲取有關潛在根本原因的提示非常有用。

　　透過利用來自其他輸入度量的這些額外變化來源，您能夠提出驅使這種變化的假設。本章說明 3 種可能適用於您面臨問題的分解：加法、乘法和混合率。

深入閱讀

據我所知，這個主題沒有太多已發表的相關文獻。我印象中的知識都來自公司的資料團隊和分享文化，但並未流傳到廣泛大眾中。我是在之前的工作中瞭解加法分解，並根據需要找到其他兩種方法。

這裡的數學相對簡單，因此無須進一步發展。如果您仍然感興趣，我使用的方法可以在任何有關離散微積分的入門書籍或講義中找到。

## 第四章

2×2 設計

幾年前，我剛開始進入資料科學領域時，一家顧問公司造訪我們的辦公室，以極為簡化的視圖方式描述相關業務。我當時的第一反應為，這些簡化視圖是他們用來推銷的手段。如今，我也喜歡把它們用在溝通和講故事上，成為簡化複雜業務的有用工具。

我相信，資料科學（DS）的自然發展過程，是將變得過於複雜的事情，一直進行到聰明的（*smart*）簡化。所謂的聰明的，如同愛因斯坦所表達，應該「使一切盡可能簡單，但不要簡化」（everything as simple as possible, but not simpler）。這句話之所以美妙，是因為它能說明要簡單有多難，這一章就將介紹一種專為簡化複雜世界而設計的工具。

簡化的案例

在巨量資料、計算能力和複雜的預測演算法時代主張簡化，可能顯得有些諷刺，儘管這些工具無疑地能讓我們處理大量資料，而提高資料科學家的生產力，但它們並未在本質上簡化這個世界或業務。

請考慮這一點：如果更多的資料意味著更多的複雜性，則資料科學家確實能夠理解這種複雜性。然而，將高維資料投影到低維分數的能力，並不一定等於更能理解底層機制。

有很多理由支持簡化，從審美考慮到功能和實用性的好處不等。對於資料科學家來說，簡化有助於在專案開始時，理解和界定專案的最重要方面；此外，它也是一個強大的溝通工具，正如理查・費曼（Richard Feynman）所說：「如果沒辦法用簡單的方式解釋某件事，就表示您不瞭解。」在技術層面上，應用奧坎剃刀（Occam's razor）是常見的做法：在給定預測效能的情況下，應選擇最簡單的模型。

什麼是 2×2 設計？

圖 4-1 為典型的設計（*design*），正如這個字詞的暗示，您可以決定在要關注之處扮演積極角色，而這當然會因為使用案例而有所不同。

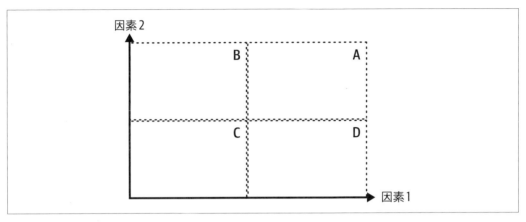

圖 4-1　典型的 2×2 設計

請注意，在只關注我認為與手邊任務相關的兩個因素或特徵之下，我簡化這個世界。因素 1 和因素 2 分別在水平和垂直軸上變化；此外，我透過設定一些由垂直虛線和水平虛線表示的閾值（threshold）等級，將可能的連續世界離散化，而將世界分為四個象限：

A

　　因素 1 和 2 都很高的使用者

B

　　因素 1 低且因素 2 高的使用者

C

　　因素 1 和 2 都很低的使用者

D

　　因素 1 高且因素 2 低的使用者

根據使用案例，我可以操縱這些閾值。

在實驗設計中，這些因素通常對應於測試中的不同處理方式，例如網頁橫幅中使用的顏色和訊息，或者價格和通訊頻率。第一個例子涉及離散因素，而後者涉及連續特徵；不用說，離散因素會讓人失去圖表中明確的順序感。

理想情況下，其他每個相關因素都應保持不變，這個更一般的科學原則，允許您單獨研究這兩個因素對我們感興趣的度量的影響。第 10 章會再重提此事，但現在請注意，在試圖簡化世界時，這種部分剔除相當重要：藉由一次更改一個因素，並使其他一切保持不變，可以對每個因素的作用獲得某些見解。

在統計性 2×2 設計中，這種部分剔除會透過使用合適的隨機化方案而達成，該方案使每個治療和對照組在試驗前平均相等（ex ante equal），這句有點神祕的短語意味著在測試前，治療組和對照組平均差異不大。

統計實務者熟知這些設計，通常會在研究變異數分析（ANOVA）時涉及該主題。這裡的目標是查看跨組的結果度量的平均值是否有差異。治療方式通常是離散的，但該設計可以用方便地設定閾值，來允許連續性治療。

這種相同的設定也可以應用於非實驗情境。顧問公司使用的典型例子，是只使用可能是行為性的兩個特徵來分割顧客群，當我可以用一種乘法方式來分解度量，如第 2 章中所見的 $p \times q$ 分解時，通常就會這樣使用。

例如，以單價和交易性為例。象限 A 代表願意支付高單價並且交易頻繁的顧客，故產生高的平均每位使用者收入。請注意，此處無法保證其他一切都將保持不變，就像在實驗設定中一樣。儘管如此，它仍然允許我專注於目前關心的兩個特徵，且僅限於此。

以下為一些範例說明。

範例：測試模型和新功能

使用 2×2 框架的典型情境之一，是想要同時測試新模型和槓桿的效果時。測試槓桿通常會在沒有此框架的情況下進行，只需兩組隨機分組：一組接收基線（對照組），另一組接收新槓桿（治療組）；實驗結束後，我對平均值差異執行典型的統計測試套件。2×2 設計會擴展這個想法，讓人可以測試模型效能。

圖 4-2 即為 2×2 設計。水平軸為機率分數,此例來自分類模型;垂直軸顯示是否啟用或關閉用於測試的槓桿:槓桿開啟意味著向某些使用者顯示新的替代品,而關閉則意味基線槓桿正在作用中。

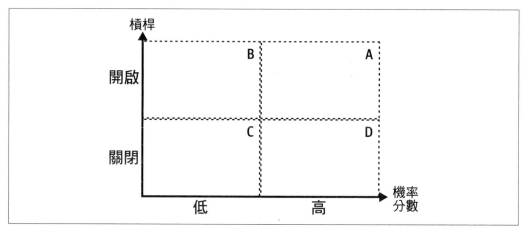

圖 4-2　模型和槓桿的 2×2 測試

請注意 2×2 設計在這裡的運作方式:治療圖表是 A 和 B 組中的那些使用者,而對照組則由 C 和 D 組組成。在兩個維度上的變化,能夠對槓桿和模型進行一些測試。

為了真正感受到這種設計的好處,想像一下計畫一場交叉銷售活動,為此而訓練一個 ML 分類模型,能預測誰將接受優惠。如果模型具有預測性,高機率分數應該具有高的真陽性率。

您想使用一個新的通訊活動來測試,這項活動能呈現購買新產品的好處,如「使用智慧型手錶上新心率監測功能的顧客,跑步表現會提高 15%」。還能假設基線活動只提供相關新功能資訊,如「我們的新型智慧型手錶,具有最先進的運動員監測功能」。成功的度量是轉換率(conversion rate, CR),衡量方式是活動中的購買量 / 使用者數。

測試的假設如下:

單調性(*monotonicity*)

更高的機率分數具有更高的轉換率:$CR(A) > CR(B)$ 且 $CR(D) > CR(C)$

有效性（effectiveness）

　　新的通訊槓桿比基線更有效：$CR(B) = CR(C)$ 且 $CR(A) > CR(D)$

我預期 $CR(D) > CR(C)$ 的原因是，一些使用者無須收到通訊，就會自然而然地購買。如果模型在真陽性意義上具有預測力，則轉換率應該隨著分數增加而增加。

同樣的，我預期 $CR(B) = CR(C)$，因為我正在鎖定模型中低購買機率的使用者。確實，出色的通訊活動可能會轉化其中一些低意願使用者，但我認為沒有理由期望通訊槓桿的影響在統計上具有顯著性。

為了設定實驗，您必須考慮統計樣本量和檢定力（power），其中樣本量和最小可偵測效應至關重要。一般情況下，樣本量並不夠大，因此一種選擇是只為槓桿完成一個好的設計，就像經典的 A/B 測試框架一樣，並設計一個次優化的模型。在這種情況下，可能只會提供有關模型效能的初步證據，而大多數時候這樣就已足夠，但如果能全力以赴，為兩個因素都打造良好設計，自然更為理想。執行實驗後，您可以測試這些假設，並獲得模型在現實情境中的效能，以及槓桿造成影響的一些證據。

範例：理解使用者行為

我會開始討論 2×2 統計性設計，因為借助隨機化的威力，您可以控制可能影響令人感興趣的度量等其他因素。2×2 框架的其他使用案例通常缺乏這種絕佳特性，儘管如此，它仍然可能派得上用場，這也是我希望透過這個範例所展示的目的。

不久前，我決定建立一個 2×2 框架，以瞭解特定產品的市場適應度。為此，我選擇了兩個對適應度至關重要的因素，並專注於象限 A，以找出那些在這兩個因素上表現出色的使用者。然後，我建立了一個 ML 分類模型，其中 A 組中的使用者標記為 1，其他所有使用者標記為 0。目標是瞭解這些使用者對象。第 13 章將展示如何在實務中完成這一點，而無須 2×2 框架。

在此特定使用案例中，我使用了顧客參與度和單價。A 組由高度參與並願意支付高單價的使用者組成，參與度通常是產品市場適應度的理想代理，若能結合它和收入的代理，就能為我帶來可能稱為有利可圖的適應度（profitable fit）。

讓我舉另一個應用相同邏輯的範例。提醒一下，顧客終身價值（*customer lifetime value, LTV*）指使用者與公司終身關係的現值：

$$LTV = \sum_t \frac{r_t \times s_t}{(1+d)^t}$$

在這裡，r_t 是時間 t 的收入，s_t 是從 $t-1$ 到 t 的生存機率，d_t 是折現率（discount rate）。有時，您可以使用一個考慮了某種形式成本的利潤度量，而不是收入，但許多公司，尤其是新創公司，通常會使用一個收入度量來計算 LTV 與顧客獲取成本（customer acquisition cost, CAC）的比率[1]。

正如您所看到的，LTV 可以視為收入和生存機率串流（survival probability stream）的（折現）內積。假設您想瞭解哪些使用者具有較高的 LTV，或是他們是誰？是什麼讓他們如此特殊？最重要的是，有沒有辦法將一些使用者移至頂層 LTV 儲存桶內？

圖 4-3 顯示您已經熟悉的設定。在水平軸上是一個生存機率的代理，而垂直軸則是收入。由於 LTV 是不同時間段的串流內積，您需要找到使這兩者變為一維的方法。有幾種方法可以做到這一點，但都有其缺點。

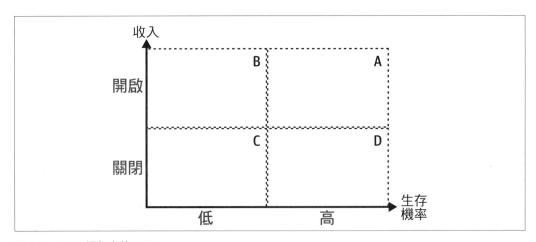

圖 4-3　2×2 框架中的 LTV

現在暫時不考慮這些細節，您可以像我這樣在前面的範例中繼續進行：

---

[1]　一些公司也會報告「未折扣」LTV，因此這個運算式簡化為分子上的各項和。

1. 將 A 組的使用者標記為 1，將其他所有使用者標記為 0，並訓練一個用來預測是否為 A 組使用者的分類模型。

2. 打開黑箱，嘗試瞭解有高機率進入象限 A 的使用者；可使用第 13 章介紹的方法。

3. 對整個使用者庫評分，並使用某個閾值分數，您可以計算產品的機會規模（opportunity size）。

有至少兩種從不同時間串流映射到兩個維度的方法：

聚合（*aggregate*）

最簡單的方法是使用存活率和收入的平均或中位數等聚合統計。請注意，使用總和以聚合，可能會使新使用者在收入方面處於不利地位；例如，一個交易了 20 個月的使用者，產生的收入可能是新使用者的 20 倍。

選擇任意時期

如果您發現在過去前六個月的資料對存活（或收入）至關重要，可以設定這一點，並在該時間點使用相應的值。

範例：信用產品起始和接受

一個稍微不同的範例是具有相關性結果的案例，以信用產品例如信用卡為例。由於逆選擇（*adverse selection*），這些產品可能會出現問題，如風險較大的使用者更有可能接受昂貴的貸款提供。

圖 4-4 顯示一種典型情況。逆選擇創造了正相關，因此更有可能接受貸款提供的使用者，也更有可能違約（A）。

2×2 設計簡化了決策過程：您應該瞄準哪些顧客？

B 組的報價

這些顧客更有可能接受並且還清貸款，這是最安全的措施。

調整閾值以獲得更多量

您還可以移動用來定義違約風險的閾值，如果規模非常重要，這可能有助於找到更多量。信用產品發起人通常在考慮風險承擔性時進行這種類型的校準，2×2 設計讓您專注於其中一個槓桿，即風險閾值。

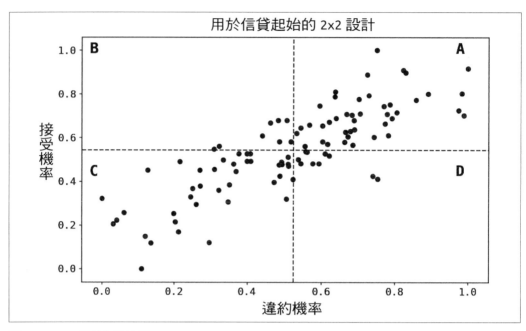

圖 4-4　2×2 貸款起始範例

範例：優先處理工作流程

顧問經常會使用的最後一個範例，應該有助於您排定專案的優先順序，在這裡使用的兩個維度，可看出專案對公司的價值，和完成專案需要多少努力。

這個想法來自於您應該根據這兩個維度對競爭性專案排名。在圖 4-5 中，您可以看到專案 x 和 y 在價值方面幾乎一樣好，但 x 更可取，因為完成它要付出的努力比較少。同樣的，排名活動 y 和 z 相對較容易，因為兩者要付出一樣的努力，但前者能創造的價值比較大。一般來說，左上角是理想中專案落點之處。

儘管這種 2×2 視圖可能呈現非常豐富的資訊，但它也有其局限性。例如，如何比較專案 x 和 z？第 5 章會提供一種替代方法，可以用更一般性地的方式，比較和排名任何一組專案。

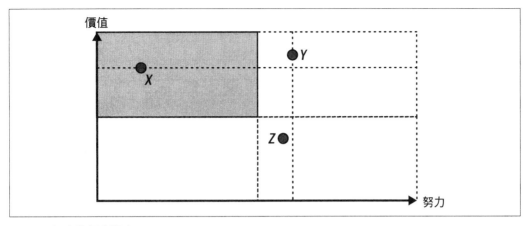

圖 4-5　努力的優先順序

主要重點

本章重點可總結如下：

簡化的理由

    儘管擁有大量資料，但如果目標是提高對複雜世界和業務的理解，則必須簡化它。此外，它有助於向利益相關者傳達技術結果，並使您能夠專注眼下看來最重要的事項。

2×2 圖表

    這些工具將高維空間簡化為二維繪圖，使您能夠專注於與手頭問題最相關的特定特徵或因素。

使用案例 *1*：測試模型和槓桿

    2×2 統計設計是一個常見的使用案例。其中一個範例是，當您想要同時測試槓桿的有效性和 ML 模型的預測效能時，可以得到已通過正式統計測試過程的清晰假設。平均而言，隨機化可以保證其他一切都會保持不變。

使用案例 *2*：瞭解您的顧客

    透過挑選出兩個具體的特徵，您可以將該框架做為更複雜方法的起點，本章描述使用此框架來瞭解哪些使用者具有高 LTV 的方式。

使用案例 3：具有相關性的特徵

當存在具有相關性的特徵時，2×2 框架允許您簡化決策過程。我使用的範例是信貸起始，以此為例，由於逆選擇，貸款的接受將取決於違約機率。

深入閱讀

我的書《Analytical Skills for AI and Data Science》主張學會簡化是資料科學家的一項基本技能。裡面的討論比這一章更具通論性，沒有涵蓋 2×2 設計，並討論 LTV 和 *A/B* 測試的設計。

John Maeda 的《The Laws of Simplicity》（MIT Press）從設計師角度談論達成簡化的方式，儘管聽起來可能和這裡不相關，但我發現，略微正交的觀點總是能夠加深我對問題的理解。

2×2 統計設計可以在大多數涵蓋 ANOVA 的統計教科書中找到。Georgi Zdravkov Georgiev 獨立出版的《Statistical Methods in Online A/B Testing: Statistics for Data-Driven Business Decisions and Risk Management in E-Commerce》，深入討論多變量測試和其他相關主題。

任何討論資訊不對稱的微觀經濟學教科書中，都有信貸起始範例中使用的逆選擇類型。如果沒有經濟學背景，技術上的細節可能有些難以理解；但我認為，重點是要記住，使用者使用那些與自己相關的資訊來自我選擇，但決策者並不知道，而這會引發很多問題。

## 第五章

建構業務案例

學習為模型或實驗編寫業務案例（business case），是資料科學家應該培養的一項關鍵技能，這不只可以幫助您迅速瞭解新專案是否值得付出時間和精力，還可以幫助您爭取到利益相關者的支持。此外，這與會使您脫穎而出的極端擁有權（extreme ownership）型態一致。

業務案例可以複雜到任何您想要達成的程度，但很多時候，估計得差不多就行了。本章將介紹的是業務案例建立的基本原則。

建構業務案例的原則

雖然每個業務案例都是獨一無二的，但大多數都可以使用相同的基本原則建構：比較是否要做出決策、計算所有選項的成本和效益、只考慮增量變化、而且很多時候只能考慮單位經濟。

決策

業務案例的建構最常用來評估正在考慮的新決策，無論是新的行銷活動、槓桿變更還是其他決策。

成本、效益和損益平衡

大多數有趣的決策都有權衡取捨，關鍵的起點是列舉從決策中衍生的主要成本和效益。業務案例將圍繞淨效益（*net benefit*）來建構，淨效益的計算方式則是效益和成本之間的金錢差異。損益平衡（*breakeven*）等同於具有零淨效益，是決策極端情況或最壞情況的底限。

增量性

一個良好的業務案例應該只考慮從決策產生的成本和效益。例如，以正在進行的實驗來說，您的薪水就可以視為一種成本，但這並不具增量性（*incremental*），因為如果您改做其他事情，公司也必須支付這筆薪水。只增量的成本和效益會包含進去。

單元經濟

大多數時候，只有您的平均顧客發生的事才重要，因此可以專注於這個孤立單元的增量成本和效益。業務案例取決於您為該單元計算的淨效益正負號；通常，擴大到整個顧客群會以相同比例影響成本和效益，但不會影響到總體淨效益的正負號。

範例：主動留客策略

讓我們評估公司是否應該推出主動留客策略。在成本方面，您需要給予顧客一個想留下來的動力：激勵，想做到這一點方法很多，但大多數都可以輕鬆轉化為一個金額 c。在效益方面，讓顧客多留下一個月分，會產生本來該損失的每使用者平均收入 r。

假設您的目標顧客規模為 B，而在這之中的 A 接受了激勵措施；此外，那些鎖定的顧客中，只有 TP 真正會流失（真陽性），就可以透過使成本和效益相等來獲得損益平衡條件：

$$B \times \frac{A}{B} \times c = B \times \frac{TP}{B} \times r$$

在這裡可以看到第 2 章曾介紹過的其中一個技術。請注意，此案例可以只專注於平均單元：

$$\frac{A}{B} \times c = \frac{TP}{B} \times r$$

當淨效益為非負時，執行該活動就有其意義：

$$\frac{TP}{B} \times r - \frac{A}{B} \times c \geq 0$$

第一個分數只是活動資料庫或樣本中的真陽性率；第二個分數則是接受率。想要更方便的話，還可以將這些視為對預期效益和成本的樣本估計，因此，您的決策問題會完美地映射到一個不確定的問題：在活動開始之前，您不知道誰會接受激勵，誰又會在得不到激勵時真的流失。

現在，您可以插入一些數字來模擬不同情境下的業務案例；此外，還可以分析可操作的槓桿，這裡有 3 個業務案例槓桿：

提高真陽性率

可以透過使用機器學習（ML）模型，得到真陽性方面更準確的預測，以幫助業務案例。

控制成本

可以降低激勵的價值（c）。有時可以謹慎地假設接受率會隨之增加，因此這兩個項的變化方向會一致。

只針對高 *ARPU* 的顧客

對於高價值顧客，直觀地認為應該要對他們優先提供激勵，而這樣做是有道理的。在不等式中，這會對應更高的 r。

請注意增量性的作用：在效益方面，應只包括那些真正會流失的顧客（真陽性）所省下的 ARPU。無論是否提供激勵措施，那些會留下的人接受時都會增加成本，但不提供增量效益。

那偽陰性（*false negative*）呢？請記住，這些是未遭到鎖定但流失的顧客。您可以將失去的收入視為成本，以便在 ML 實作中，取捨於精確度（precision）和召回率（recall）之間。

詐欺預防

銀行通常為防止詐欺或洗錢而設定交易限額，以下要建立的決策，就是交易超過限額時，會阻止該交易的業務案例。

直觀來說，有兩種成本：詐欺成本（c_f），和如果顧客流失而失去或放棄的收入（c_{ch}）。為簡化起見，我假設遭到阻止交易的顧客一定會隨之流失，但這種假設在應用中很容易放寬。在收入方面，如果允許交易進行，公司將獲得單筆交易額（ticket amount）（t）。

一旦有交易進來，可以接受或阻止它；無論採取的行動為何，都可能具合法或不合法風險。表 5-1 顯示這四種行動和結果組合的成本與效益。

表 5-1　詐欺預防的成本和效益

行動	結果	效益	成本
接受	詐欺	t	c_f
接受	合法	t	0
阻止	詐欺	0	0
阻止	合法	0	c_{ch}

這裡用 p 表示一筆特定交易為詐欺的機率，以計算每種可能行動的預期淨效益，會得到：

$$E(淨效益 | 接受) = p(t - c_f) + (1 - p)t = t - pc_f$$

$$E(淨效益 | 阻止) = -(1 - p)c_{ch}$$

只有當阻止交易的淨效益超過接受交易的淨效益時，阻止具有單筆交易額 t 的交易才是最優化的：

$$E(淨效益 | 阻止) - E(淨效益 | 接受) = pc_f - (t + (1 - p)c_{ch}) \geq 0$$

這個不等式是業務案例的核心。在效益方面，如果這是詐欺交易，阻止後可以節省詐欺成本（c_f）；在成本方面，因阻止交易，而能有效忽略收入 t，並在非詐欺交易的情況下，有引起流失成本（c_{ch}）的可能性。

與之前一樣，讓我們將注意力轉向槓桿。除了阻止或接受之外，永遠都可以選擇極限（L），以阻止較高的單筆交易額，而接受其他。但在這個不等式中，它的極限在哪裡呢？

詐欺的機率通常是這個極限的函數：$p(t | L)$。在許多應用中，這個函數在極限內常常呈現遞增，由來是詐欺者正在尋找短期和快速、相對較大的回報時所產生的。設定一個夠大的極限後，就可以專注於高機率的交易。詐欺的成本通常是單筆交易額本身，因此還有對效益的直接影響。然而，此處存在一個取捨：如果這筆交易不是詐欺，您可能會冒著失去高價值顧客的風險。

購買外部資料集

這種邏輯適用於您想分析的任何決策。在不進入細節的情況下，這裡會大概討論購買外部資料集的案例，這是大多數資料科學團隊在某個時候要評估的一個決策。

成本是您的資料提供商決定收取的任何費用，效益是貴公司可以透過資料而創造的增量收入。在某些情況下，這將一目瞭然，因為資料本身會改進決策過程，我的意思是「認識您的顧客」（know your customer, KYC）或身分管理等使用案例。在這些情況下，您可以將資料幾乎一對一地映射到收入。

至於其他大多數情況，從資料科學角度來看將很有趣，增量收入取決於關鍵假設。例如，如果您已經在生產中使用了在決策過程中用到的 ML 模型，就可以在考慮到這個成本的情況下，量化會使業務案例有效的最低增量效能。或者，您可以嘗試在給定此增量效能的情況下，協商出更好的條款。

這個想法可以總結為類似以下的形式：

$$\text{KPI}(\text{擴增的資料集}) - \text{KPI}(\text{原始的資料集}) \geq c$$

KPI 是您的 ML 模型效能度量的函數。我強調函數這部分，因為您需要將效能度量轉換為貨幣價值，例如收入，以便與成本比較。請注意，使用原始資料集作為基準，您只考慮增量效應。

進行資料科學專案時

如第 1 章所建議，資料科學家應參與對公司有增量作用的專案。假設有兩個替代專案，A 和 B，應該從哪個專案開始呢？使用和之前相同的邏輯，如果下列公式成立，應該選擇 A：

$$\text{收入}(A) - \text{成本}(A) \geq \text{收入}(B) - \text{成本}(B)$$

要做出決策，需要輸入一些數字，這本身就是一個專案。這裡的重點是從不等式中獲得的直覺：優先考慮在您的實作成本方面存在著實質增量淨收入的專案。

第 4 章曾展示一個簡單的 2×2 框架，以幫助您藉由在價值和努力軸上對每個專案的排名，而優化工作串流。儘管這個工具很有用，但使用這種圖形工具，對在一個維度上具主宰地位，而在另一個維度上卻遭支配的專案來說，可能不好排名，例如，圖 4-5 中的

專案 x 和 z。前面的不等式透過使用共同的尺度，即金錢，而評估努力（成本）和收入的價值，以解決這個問題。

主要重點

本章重點可總結如下：

相關性

學習編寫業務案例，對於利害關係人管理和極端擁有權的目的至關重要，同時有助於在不同替代專案之間配置資料科學資源。

業務案例撰寫原則

通常需要理解成本和效益以及損益平衡，只需要關注增量變化。在很多情況下，您只需要關心影響平均顧客的單元經濟。

深入閱讀

我的書《Analytical Skills for AI and Data Science》描述一些技巧，可以幫忙簡化業務案例，並只關注一階效應。這也將幫助您瞭解在不確定情況下的決策。

這種成本效益分析在經濟分析中是標準作法。我在這裡標記為增量性（*incrementality*）的事物，通常也稱為邊際分析（*marginal analysis*）。以下是 3 本我推薦給非經濟學家的書籍：Steven E. Landsburg 的《The Armchair Economist: Economics and Everyday Life》（Free Press）、Kate Raworth 的《Doughnut Economics: Seven Ways to Think Like a 21st-Century Economist》（Chelsea Green Publishing），和 Charles Wheelan 的《Naked Economics: Undressing the Dismal Science》（W. W. Norton）。

## 第六章

提升的奧祕

有一些非常簡單的技巧可以幫助您完成許多不同的任務,提升就是其中之一。不幸的是,很多資料科學家並不理解提升,或者還沒有看到它們的實用價值;這一章就將幫助您掌握這項技巧。

定義:提升

一般來說,提升(*lift*)是一群組的聚合度量與另一群組相比的比率。最常見的聚合方法是取平均值,因為這些是期望值的自然樣本估計值,本章將會介紹一些範例。

$$提升(度量, A, B) = \frac{群組\ A\ 的度量聚合}{群組\ B\ 的度量聚合}$$

在更經典的資料探勘文獻中,聚合(*aggregate*)是一個頻率或機率,而群組 A 是群組 B 的子集合,後者通常是研究的母體。這裡的目標,是相對於母體平均來衡量選擇演算法,例如,分群或分類器的效能。

舉例來說,在美國,擔任執行長(CEO)的女性數量有所提升。在隨機選擇的基線情況下,女性 CEO 的比例應該佔近 50%,但一項研究(*https://oreil.ly/27yD1*)估計只有 32%。表示目前的就業市場選擇機制提升是 *0.32/0.5 = 0.64*,因此相對於基線人口頻率,女性的代表性比例不足(*underrepresented*)。

正如名稱所示，提升會測量相對於基線，一群組的聚合度量增加或減少的值。比例大於 1 可稱為正向提升（*uplift*），小於 1 則為負向提升（*downlift*）；如果沒有提升，比例為 1。

範例：分類模型

假設您訓練一個分類器要預測顧客流失，先設一個資料集，標有 1 的使用者表示流失，標有 0 的表示仍然活躍。基線流失率是透過結果的樣本平均值以獲得。

一個常見的效能度量，是在測試樣本中按分數十分位（score decile）的真陽性率，這在這個範例中轉化為按十分位的流失率。計算時，只需要按分數對使用者排序，並將測試樣本分為 10 個大小相等的儲存桶或十分位，再計算每個儲存桶的流失率。

這個度量很有用，因為它至少能看出以下 3 方面：

提升

　　以十分位的流失率除以測試樣本中的流失率，可以計算相應的提升，以評估模型在每個十分位中所識別的流失率，相對於公司真實流失率效果的估計。

單調性

　　分數是否具有資訊性？如果機率分數具有資訊性，從真陽性的角度來看，分數越高，流失率越高。

最高十分位效能

　　在許多應用中，您只關注落在最高的十分位使用者。在這個範例中，您可能只想激勵那些最有可能流失的客人，該十分位的真陽性率是留客活動所期待結果的優先估計。

圖 6-1 顯示一個模擬範例的真陽性率（*true positive rate, TPR*）和提升。分類器在最高十分位中，以平均比率的 2.7 倍識別出流失者。如果您想說服利益相關者使用該模型的輸出，這是一個好的發現，您還可以將此提升，與他們藉著目前選擇機制所獲得的提升，而做出比較。

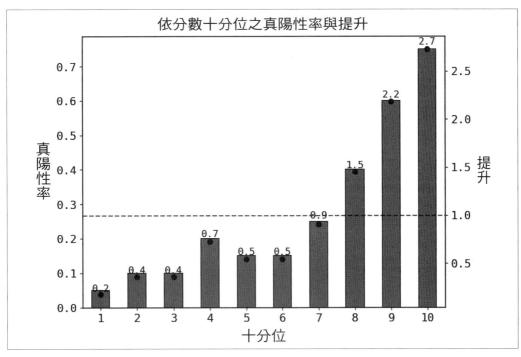

圖 6-1　流失模型範例的真陽性率和提升

自我選擇和存活偏差

當個體選擇加入一個群體時，就會出現自我選擇（*self-selection*）。範例可能包括具有正式加入程序的群體，如政黨或團隊；或不用正式加入的群體，例如購買您產品的人，使用某項功能的使用者等。重要的是，會有一些固有的特性驅使個體成為成員。

存活偏差（*survivorship bias*）是自我選擇的一種反向類型：一些使用者最終出現在您的樣本中，「存活」下來，因為他們具有某種特性。統計學家 Abraham Wald 分析的第二次世界大戰戰鬥機經典案例（*https://oreil.ly/0Y9oW*）即可說明；而由此得到的教訓是，由於採樣過程的偏差性，可能讓人得出不正確的結論。

第 15 章會討論自我選擇偏差對資料科學家的相關性；這裡只是先顯示一下提升幫助您快速識別這種偏差的方法。

表 6-1 說明通常呈現的方式：列包括一些您認為對理解選擇問題很重要的特徵或特點，行則突顯了群組成員資格以及提升。這裡只包括顧客的 4 個變數：

- 公司產品的月開支

- 滿意度分數

- 月收入

- 停留時間

表 6-1　流失範例中的提升

	活躍	流失	提升
月開支	29.9	32.7	1.1
顧客滿意度分數	10.00	10.08	1.01
收入（千元）	46.52	54.80	1.18
停留時間（月）	9.84	8.14	0.83

一般來說，擁有的特徵越多，就可以透過提升更瞭解選擇機制。例如，這裡為什麼不細分地理或行業，或者顧客已經從公司購買的產品數量呢？

表中的每個單元格都顯示了活躍和流失使用者相應特徵的平均值，以及提升，例如，活躍和流失使用者的平均開支分別為 29.9 美元和 32.7 美元。查看提升行，很容易識別出一種模式：流失者的收入越高，如提升為 1.18，即 18% 增加；則花費越多：1.1，而且成為顧客的時間較短：0.83。顧客滿意度得分並不重要，因為微不足道的正向提升。這些發現的一種可能解釋是，相對較富裕的顧客對產品也會有更高的期望；而這似乎是一個鎖定較低社經地位的市場產品。

無論如何，可以知道的是：瞭解選擇機制的一種快速而簡單的方法是建構提升表；如果選擇的特徵是正確的，就可以立即瞭解底層群組的情況。

提升的其他使用案例

這種技術非常簡單：識別一個度量和群組，然後計算比率，選擇機制可以是您認為相關的任何東西。

例如，您可以使用第 4 章中介紹的 2×2 圖表，並專注於其中一個象限。提升非常簡單易用，可能有助於您瞭解那些驅動該群組使用者的因素。

另一個常見的使用案例是在分析市場行銷活動中的自我選擇。在沒有選擇偏差的情況下，您可以使用一個對照組來測量活動的影響。透過提升，您可以非常迅速地瞭解是否可以採用這種方法。

同樣的，由於不同群組的回應率差異，許多調查最終會產生偏差的結果。過去，我曾使用提升自動化地檢查顧客滿意度調查的代表性。

主要重點

本章重點可總結如下：

定義提升

提升是一個群組中一個聚合度量與另一個群組的比率。平均值是最常見的聚合方法。

機器學習中的提升

您可以透過顯示模型相對於整體樣本的預測效能，來使用分類模型來計算提升。我介紹了一個流失預測的範例，並計算了在分數十分位中的真陽性率提升。

自我選擇

更普遍來說，提升可以應用於瞭解樣本中自我選擇或存活偏差的程度。透過計算那些自我選擇進入一個群組的使用者度量提升，您可以很容易地瞭解選擇的驅動因素。

深入閱讀

許多經典資料探勘書籍中都會介紹提升，例如，Ian Witten 等人的《Data Mining: Practical Machine Learning Tools and Techniques》（Morgan Kaufmann）。

學術文章和部落格也可以找到更多參考資料。例如，Andy Goldschmidt 在 KDnuggets 上的〈Lift Analysis—A Data Scientist's Secret Weapon〉（*https://oreil.ly/KfBaL*），和 Miha Vuk 與 Tomaz Curk 的〈ROC Curve, Lift Chart and Calibration Plot〉（*Metodoloski Zvezki* 3 no. 1, 2006: 89–108）。

## 第七章

敘事

您花了幾週的時間從事專案工作，現在準備呈現結果。感覺好像快完成了，只需提供輸出。

許多資料科學家都這樣想，並且在建構引人入勝的敘事（narrative）方面著墨點不多。如第 1 章所述，為了擁有端對端的擁有權，說服利害關係人根據您的結果採取行動，也是至關重要。這種極端擁有權就是創造價值的關鍵；因此，必須掌握講故事（storytelling）的藝術。

有很多資源可供學習講故事，詳情可見本章最後單元。本章除了建構這方面的知識以外，也會稍微偏離，以突顯一些特定於資料科學的技能。

敘事中的內容：用您的資料講故事

根據標準詞典的定義，敘事（narrative）是一系列相互聯繫的事件，但這些聯繫會構成故事。我將讓這個定義更為豐富，說明它應該達成的目標。

您想達成的目標是什麼？在一般的敘事中，可能是說服或參與。這當然也適用於資料科學，但更重要的是，您想要創造價值，為此，您需要推動行動。成功的故事應有助於達成此目標。

讓我們反過來看這個問題，並找出有助於達成此目標的條件：

- 清晰而中肯

- 可信

- 令人難忘

- 可行動

清晰而中肯

清晰度是一個相對的概念，常隨著上下文的變化而不同，非常依賴您的受眾。您的機器學習實作技術細節，對資料科學團隊來說可能非常清晰，但對業務利害關係人來說通常顯得難以理解。識別受眾是建構清晰敘事的第一個關鍵步驟，因此，為正確受眾選擇正確語言和語氣，至關重要。

資料科學本質上是一門技術科目。因此，資料科學家往往很容易在他們的簡報中加入花俏的技術術語，甚至會有相應的方程式。但故事不是講給自己聽的，如果想包含技術材料，最好將它們通通放在技術附錄部分。

一個常見的錯誤，是認為技術語言將為您增加可信度；這稍後會再談論。且有時候，會想要試圖證明資料科學工具包對組織來說非常重要。我的建議是，在渴望達到目標的有效溝通，與滿足這種慾望之間取得平衡，建立強大的敘事是為前者努力。

在常規的資料科學開發過程中，執行許多測試並一個個建立視覺化很正常。在試圖為他們付出的工作量提出證據時，有些人會迫切地想要在簡報中包含一切東西，從而使受眾分心並感到不知所措。只集中在主要訊息上，並重點性強調，其他所有東西都應該可以丟棄。如果一件事無法直接幫助說明，但仍然可能有用，就把它放在附錄中。不過要小心，附錄也不該一團亂；這個小節在您的簡報中也有特定的目的；真沒有的話就捨棄。

想要適當的簡單性，需要大量練習和努力，這是一種各憑本事的技能。可以提示的是，從編寫您認為是關鍵訊息的內容開始，然後在簡報中刪除其他所有內容；重複迭代至收斂為止：當您刪除太多以至於訊息不再清晰時，就該停止了。

這個建議也適用於句子和段落。如果可能，使用少於 10 個單字的簡短句子。長句子和段落在視覺上會令人疲憊，可以大膽假設不會有人想閱讀。一旦有了初稿，我會讀遍每個句子和段落，讓它們盡可能簡短和明確。

清晰度應該是頻道（channel）獨立的。許多時候，您為現場簡報做準備，並未意識到部分受眾將在其他時間點閱讀，例如高階管理層。因此，您必須使其有自我解釋的功能。

這不只適用於文本，還適用於資料視覺化。確保標記所有相關的座標軸並編寫有意義的標題，如果有想要在特定圖中突顯的內容，可以用視覺輔助工具加強，例如突出顯示（highlighting）文本或方框，都有助於引導受眾的注意。

資料視覺化是資料科學敘事交付的固有部分。這些原則適用於您準備的任何圖表。第 8 章會介紹一些有關資料視覺化的良好實務。

達成清晰度的提示

以下是達成清晰度的一些建議：

受眾

由確定您的受眾開始，並保證語言和語氣的一致性。

技術術語

控制您想要講很多技術術語的誘惑，別忘了，技術材料只要放在附錄中。

專注於主要訊息

主要訊息應從一開始就很清楚，而且應該圍繞著它們建構敘事；任何其他內容都是可以刪除的。

刪除干擾

撰寫第一份草稿，然後開始刪除一切不必要的內容。這也適用於句子和段落。

自我解釋

敘事應該要能夠自我解釋，無論您的傳達方式為何。

資料視覺化

將上述所有提示應用於您的資料視覺化。

可信

在商業環境中，引人入勝的敘事必須具有可信度。不幸的是，這是一種非常微妙的特性：它需要時間來累積，又很容易消失。在資料簡報中，有三個維度是您應該關心的：

- 資料可信度
- 技術可信度
- 商業可信度

資料品質是第一維度的核心，您應該養成在源頭和開發週期中檢查的習慣，因為資料科學家會編寫大量的程式碼，而這是一項很容易出錯的工作。最糟糕的情況是，您的程式碼實際上是可以執行的，但結果可能並不正確，即邏輯錯誤。根據我的經驗，這種情況經常發生，極為優秀的程式設計師因此會將測試納入日常工作流程的內在部分。

此外，資料無法從其上下文中解開，因此您的結果在業務角度必須是合理的，我見過許多資料科學家因為沒有檢查結果是否合理而失去信譽。至少，您應該知道您正在處理的關鍵度量的數量級，甚至最好能夠熟記這些度量。在呈現結果之前，不要忘記要一直挑戰您的結果。

技術可信度通常由利益相關者授予。但權力越大，責任就越大，資料科學家需要學會為每個問題使用合適的工具，並掌握相應的技術。在這方面，舉辦內部研討系列不失為不錯的做法，讓人可以在其中接受同行的挑戰。

正如第 1 章中所述，向受眾展示業務專業知識至關重要。您的技術傳達可能無懈可擊，但也有可能從業務角度來看毫無意義，而讓您失去與利益相關者的可信度。有些資料科學家對產品或業務運作方式的假設一直有錯誤認知，另一個常見的錯誤是對顧客行為做出不可信的假設；別忘了一直問自己，如果您是顧客，是否也會這樣做？

達成可信度的提示

達成可信度的建議如下：

資料可信度

檢查結果，確保它們從業務角度出發是合理的。

技術可信度

可以的話，習慣性地與具有相應知識的同行交流您的技術結果。

商業可信度

力求在業務方面與利益相關者一樣具有豐富的知識。

令人難忘

一般敘事，常會透過強調某種形式的努力或懸疑來達成的，而讓故事情節有效地比較曲折離奇；但我花了很多時間才學會，這些作法對資料科學的敘事一般來說不是多好的策略。

在資料科學中，令人難忘的時刻，通常來自於「啊哈！」時刻，伴隨著展示創造出價值的意外結果時。這一點很重要：在商業環境中，只引起知識性好奇心無法讓人謹記在心，最好的「啊哈！」時刻其實是那些能夠推動行動的時刻。

許多作者建議，以適當結合資料和情感的方式，來建立難忘的敘事，事實上有證據表明，比起科學證據，人類大腦更容易記住觸動心靈的事物。我同意這個一般觀點，但在我看來，目標不應該是追求類似 TED 演講那樣的敘事和表達風格；而是保持簡單，找到本身就很容易讓人記住的可行洞察。

可行動又帶點意外洞察形式的「啊哈！」時刻，最是令人難忘。

可行動

如果您已經閱讀前面章節，應該不會意外，我認為此項將是您的指導方針和故事主角。

在開始敘事之前，確保您的專案具有可行動的見解；如果沒有，就回到起點。我曾經看過一些有趣的簡報，但卻把受眾晾在一邊任他們思考，「那又怎樣呢？」

識別從分析中得出的槓桿。一個沒有可行動見解的簡報，無法有效地創造價值。

建構敘事

前一節介紹了建立成功敘事所需的一些特性，以及一些實際上有助於確保能滿足這些特性的技巧。現在將介紹建立敘事的過程。

科學即講故事

許多資料科學家認為講故事是獨立技巧，甚至與他們的技術專業無關，只在傳達階段進行。我的觀點是，資料科學家應該成為科學家，將其視為端對端工作流程的固有部分。

有了這個想法，讓我提出兩種建立敘事的替代流程：

- 首先從事技術工作，然後建立敘事。

- 從初始敘事開始，發展、迭代，準備好時，將深化敘事以供傳達。

第一個流程在資料科學中最常見：實務工作者從艱難的技術工作開始，然後將一個敘事套用到他們的結果中。一般來說，這最後就會成為一個可能有趣，或扯得上關係，但缺乏故事情節的拼貼品。

相反的，第二個流程讓敘事成為資料科學工作流的組成部分（見圖 7-1）。在這種情況下，會先從業務問題開始、然後是艱難的工作、瞭解問題並提出一些故事或假設、用資料測試、經過一些迭代之後，最終才準備好傳達結果。這個過程甚至可能迫使您回去重新定義業務問題。

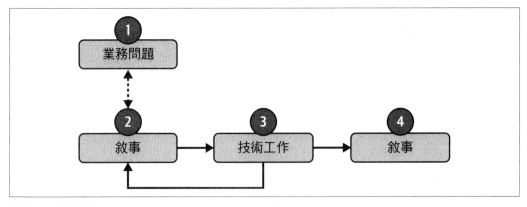

圖 7-1　迭代敘事

講故事存在於開始（階段 2）時、在中間當您迭代並完善假設（階段 3）、以及在結尾（階段 4）時，這些敘事可能不完全相同，但必定相互聯繫。

初始敘事的受眾是您自己和您對理解的需求，最終受眾則是業務利益相關者。如前所述，語言和語調是不同的。但重要的是，最終的關鍵訊息直接來自於由中間迭代過程提煉而來的最初訊息。

在進入專案時，應該會有一組優先候選的關鍵訊息，您認為要在結尾時傳達；這些訊息可能不完全正確，但如果您有足夠的業務專業知識，它們離最終訊息也不會遠到哪裡去。透過這種方法，為簡報建立敘事的過程甚至在您處理資料之前就已經開始了，它將在這個階段引導您，並幫助您迭代。由於這中間的過程，在資料品質、邏輯、程式設計，甚至對業務的理解等方面，能夠讓您發現和找到錯誤；這通常才是「啊哈！」時刻會出現的地方。傳達階段的敘事會切換受眾，並溝通出最終且完善的資訊。

什麼！摘要重點！現在該怎麼辦？

一旦進入傳達階段，就需要對敘事有一些結構安排。有些人喜歡遵循標準的講故事方法，也稱為敘事弧（*narrative arc*），包括三個部分：設定（setup）、掙扎（struggle）和解決（resolution）。

雖然這對某些人可能有效，但我更喜歡的是能強化主要目標的不同順序：什麼！摘要重點！現在該怎麼辦？毫不奇怪的是，這與第 1 章中描述的流程密切相符。

什麼！

這一部分是關於描述業務問題及其此時此刻對公司的重要性，還應包括一些有關上下文的定量資訊，例如主要 KPI 近期的演變和機會大小。

想像一下，您正在試圖量化給予顧客價格折扣的影響。這裡可以提供一些上下文，比如價格變動的最近頻率、範圍或分布，以及對銷售、留客或收入的一些高層次影響。如果有一些證據，即使是偶然的，也可以強調在目前競爭格局中的戰略重要性。

摘要重點！

這一部分的關鍵是聚焦於可行動性。主要的結果將出現於此，包括那些產生「啊哈！」時刻的結果。

一般來說，「啊哈！」時刻有兩種版本：

- 意外的結果

- 以方向而言，是某種程度上的預期結果，但帶有由量化或可行動性引起的意外轉折

我更喜歡第二種類型，因為您應該有行動的偏好；如果有意外的結果和行動計畫，那就做對了。

回到價格的範例，降價通常會提升銷售。這是預期的行為，因此展現負相關性不會創造「啊哈！」時刻，受眾可能會覺得您正在重新發明輪子，多此一舉。

但如果您說，對於每件售價 5.30 美元或更高的產品，使用者相對並不太敏感；但在該價格以下，每減價 1.00 美元，銷售就能增加 *1,000* 單元，就能引起他們的注意，這是相似的訊息，只是多了一個從量化事物中產生的驚喜成分。此外，這是需要成為最後一節的核心行動呼籲。

現在該怎麼辦？

這一小節與下一步相關。為了捕捉這個價值，您需要公司的其他部門提供什麼？誰需要參與？在這裡，我喜歡實際建議具體的下一步。我知道有些資料科學家在這方面可能會比較害羞，因為他們通常不是真正的決策者。

以價格為例，您很可能依賴行銷團隊來設計和傳達實際的折扣策略，也可能需要財務部門批准該計畫，任何受影響的其他團隊都應該一併納入考慮。

最後一哩路

Peggy Klaus 在《The Hard Truth About Soft Skills》（Harper Business）一書中，建議長期成功的關鍵是 75% 的軟技能和其餘 25% 的技術知識。我不確定這是否正確，但從方向上來看，我完全同意這個觀點：資料科學家投入大量時間和精力追求技術卓越，但其實他們的職業生涯，更依賴那些被忽視的軟技能。

走在最後一哩路上，是時候從科學家轉變為推銷員角色。我從個人經驗中瞭解到，許多偉大的專案都因為在這個階段缺乏準備而失敗。

編寫 TL;DR

縮寫「TL;DR」，是「太長；不讀了」（too long; didn't read）的意思，也是檢查敘事是否足夠清晰簡潔的好工具，因此已經成為科技公司的標準配備，我也養成始終以此為開始的習慣。

除非他們看到引起注意的東西，否則許多高階主管不會在您的工作上花太多時間。出色的 TL;DR 就是為了達成這一點而編寫的。

撰寫難忘的 TL;DR 的提示

有些人喜歡在寫實際文件之前先寫一份 TL;DR 的初稿。這是確保 TL;DR 與您的敘事一致，並保證內容與之一致的好方法。完成後，他們回頭對 TL;DR 迭代。

我更喜歡的方法是先寫下敘事，有些人會用筆和紙來畫出紙本草圖，再著手處理內容、然後才回過頭寫 TL;DR。對我來說，TL;DR 是最後寫的東西，我總是先勾畫敘事。

這兩種方法聽起來可能相似，但 TL;DR 實際上是敘事的真正銳利版。敘事是將事件序列綁在一起的故事的高層次視圖，TL;DR 則是其聚焦版本。

我傾向於用與敘事相同的方式來組織 TL;DR：什麼！摘要重點！現在該怎麼辦？與之前一樣，「什麼」部分為您的受眾吸引注意力，「摘要重點！」部分總結主要發現和可行動內容，而「現在該怎麼辦？」則提出建議的下一步。

 一個好的提示是將您的文件視為新聞文章，考慮加上替代標題。在資料科學中，出色的標題必須具有我一直在談論的相同特性：簡單、可信、令人難忘、可行動。可信性會限制您過度推銷。

最後，TL;DR 中的每一點都應該有一張為其說明的投影片。如果重要到要用 TL;DR，最好有一些相對應的素材。

範例：為本章寫一個 TL;DR

圖 7-2 顯示您可能會遇到的典型 TL;DR。它混亂不堪，顯然試圖包含每一個工作的所有細節，還有很長的句子，而且為了配合頁面而有極小的字體。它肯定不可讀，也令人難忘，不過不是什麼好原因。

TL;DR (v.0)

- The delivery stage in data science is important because it allows us to convey our key messages to our stakeholders.
  - For this we need to learn how to write powerful narratives
- The best narratives tell a story about the business problem, our findings and next steps.
  - They should also drive action: this should always be our criterion for success
- Good properties are: (i) Clear and to the point, (ii) credible, (iii) memorable and (iv) actionable
  - In this document we provide practical tips to achieve each of these properties
- There are two approaches to building narratives:
  - Do our data science work and then build a story around our findings
  - Start with a narrative, iterate and test it with the actual data, and finish by sharpening the delivery-stage narrative
- We advocate the use of the second approach: creating narratives (stories or hypotheses) should always be done before we start a project.
  - This also ensures that our final, delivery-ready narrative is a descendant from our work.
  - It also helps us in the actual work with the data, and to refine the business question.
- We can use the What, So What and Now What stages discussed in previous talks
  - What: why is the problem relevant for our company
  - So What: our main findings and actionables
  - Now What: what we need from the organization to deliver value
- Once we're done we're ready for the last mile:
  - We need to write a superb TL;DR that highlights our key findings in a memorable way
    - It should also open the door for any reader to delve deeper into the contents of our memo
  - Finally, your elevator pitch should be a very concise 2-3 mins message of your work

圖 7-2　TL;DR 版本 0

下圖 7-3，我運用之前給出的一些建議：簡化和刪除一些句子，以減少混亂。如果想要的話，還可以增加字體大小，也可以做更多事，但我心裡明白，最好的方法是回到畫板從頭開始。

TL;DR (v.1)

- The delivery stage in DS allows us to convey our key messages
  - For this we need a powerful narrative
- The best narratives tell a story about the business problem, our findings and next steps.
  - They also drive actions: our success criterion
- Good narratives are: (i) Clear and to the point, (ii) credible, (iii) memorable and (iv) actionable
  - Here we will review some practical tips to do so
- Two approaches to building narratives:
  - Do our data science work and then build a story around our findings
  - Use an iterative approach that starts and ends with a narrative
- The iterative process is preferred as it resembles the scientific method
  - Our final narrative evolves from our initial hypotheses
  - It gives direction to the actual work
  - And refines the business question if necessary
- The "What", "So What" and "Now What" stages in our workflow serve as backbone for the storytelling
  - What: business question and relevance
  - So What: actionable insights
  - Now What: practical next steps and dependencies
- Last Mile:
  - TL;DRs and elevator pitches are great tools for further sharpening of the key findings

圖 7-3　TL;DR 版本 1

圖 7-4 顯示最後一次迭代的結果。從頭開始使我能夠專注於主要訊息。您可以看到我遵循了「什麼！」、「摘要重點！」、「現在該怎麼辦？」的模式。在一個真正的資料科學 TL;DR 中，我會強調一些既定量又可行動的主要結果。這裡唯一的行動呼籲是多加練習。

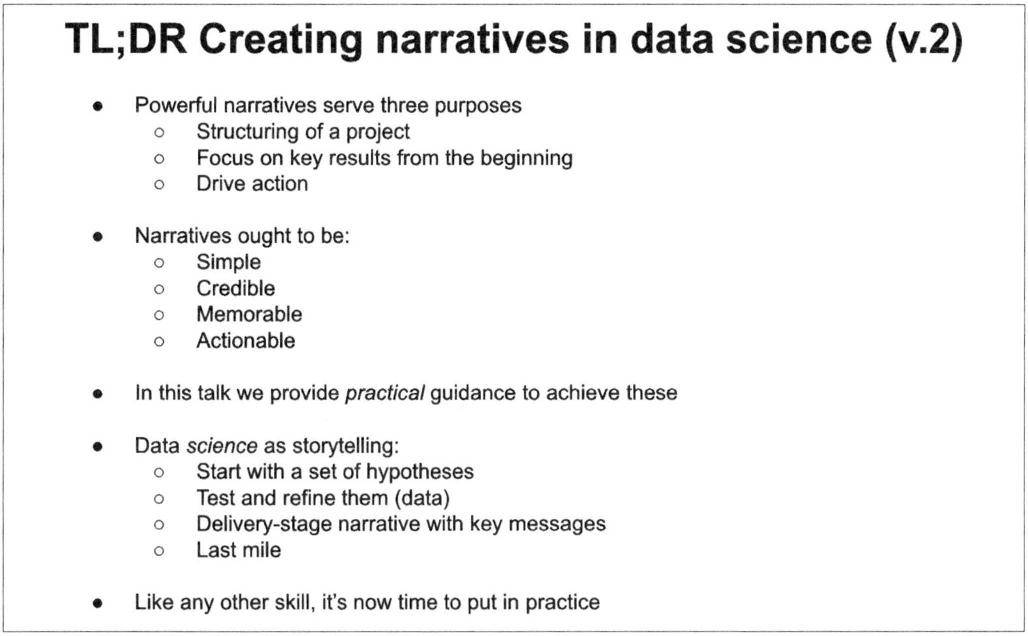

TL;DR Creating narratives in data science (v.2)

- Powerful narratives serve three purposes
  - Structuring of a project
  - Focus on key results from the beginning
  - Drive action

- Narratives ought to be:
  - Simple
  - Credible
  - Memorable
  - Actionable

- In this talk we provide *practical* guidance to achieve these

- Data *science* as storytelling:
  - Start with a set of hypotheses
  - Test and refine them (data)
  - Delivery-stage narrative with key messages
  - Last mile

- Like any other skill, it's now time to put in practice

圖 7-4　TL;DR 版本 2

這裡顯然使用項目符號（bullet point）風格。很多人反對這種方法，但一切都有利弊，在缺點方面，它確實限制您的創造力，想像一下您可以用一張空白紙做的事；而優點方面，它強迫您以簡單、清晰和有秩序的方式書寫。我可以迅速看出句子是否太長，也就是盡量避免兩行的句子。

正如之前所說，我認為 TED 風格的演講在資料科學或商業環境中並不適合。儘管如此，如果您夠熟練而且符合公司文化，也是可以放手一搏，但在商業環境中，項目符號風格的效果通常比較好。

提供有力的電梯簡報

這是我很早之前向經理簡報時學到的一個技巧：如果有人開始明顯缺乏敘事的簡報，請打斷他，並要求此人向您進行電梯簡報（elevator pitch），越是這樣做，這種事就越不會發生。

電梯簡報指的是，您在電梯相遇時向執行長進行的 10 至 20 秒簡報。您真的希望推銷自己的工作！但問題在於：您只能說到樓層到達為止，門開的那一刻，您就失去了互動的機會。

這種情況我只發生過一兩次，所以我不認為電梯簡報單純為字面上的意思。相反的，我把它們看作是敘事建立工具包的一部分，好的敘事應該很容易以電梯簡報的形式總結；如果不能，表示故事有些問題，這就是迭代的時候了。

 下次在進行專案時，在您認為完成之前和之後，各試一次電梯簡報，這樣的測試很有用。

呈現您的敘事

以下是在傳達階段的一些建議：

確保您有一個明確的敘事

如果您遵循了迭代的方法，敘事就一直都會存在，只需要自律；但如果沒有，請在開始製作簡報或備忘錄之前勾勒敘事。完成後，請讓別人查看您的投影片，並提供一切有關此敘事的想法。如果他們專注於每張投影片的主要訊息，表示此敘事對任何人來說都應該是明顯的；如果他們無法識別這些主要訊息，您就需要重新開始。且這些訊息之間應該有明確且自然的過渡過程。

每張投影片都應該有清晰的資訊

如果某一張投影片沒有與您的敘事一致的清晰訊息，就將其刪除。

持續練習簡報

這件事永遠不會錯，尤其當您的受眾包括組織中的高階主管時，您也應該希望有這種情況。比較好的做法是錄製自己簡報的過程：這不只有助於您管理時間，還有助於您抓出可能存在的任何怪癖和習慣。

時間管理

在簡報之前，您應該已經知道在沒有干擾的情況下需要多少時間，因此最好規劃一些額外時間。還要記住，您是簡報的唯一擁有者，因此您有權迴避會讓您遠離主要訊息的問題，但要夠友善。

可以的話，盡量定量，但不要過度

毫無疑問，資料科學是一個定量領域。然而，很多時候我看到資料科學家用定性（*qualitative*）或指向性的術語來描述他們的結果。與其說「糟糕的使用者體驗會增加流失率」，不如在這個陳述中加入一些數字：「每次連接失敗，都會使淨推薦分數降低 3 個百分點。」也就是說，不要誇大結果：如果正在處理估計值，很可能可以做的就是將結果四捨五入到最接近的整數。

主要重點

本章重點可總結如下：

資料科學中的有效敘事

有效的敘事是由一個旨在引發行動的故事所連接的事件序列。

優秀敘事的特性

為了引發行動，敘事必須清晰、中肯、可信、令人難忘且可行動。

科學就是在講故事

我建議透過迭代方法來建立敘事：從業務問題入手、建立解決問題的故事或假設、用資料迭代來測試和優化、最後產生傳達階段的敘事。最終敘事自然而然地會從最初假設演變而來。

敘事的結構

您可以選擇遵循敘事弧：設定、掙扎和解決。但我發現遵循簡單而中肯的故事情節更加有效：什麼！摘要重點！現在該怎麼辦？它們幾乎是一對一對應的，但在資料科學中，我認為建立懸疑或掙扎感的意義不大。

TL;DR 和電梯簡報

這是達成適量簡化，並能再次檢查您是否確實擁有連貫敘事的好工具。 TL;DR 可能是會引發高階主管興趣的契機，而他們只會花時間閱讀令人難忘且可行動的內容。

熟能生巧

投資足夠的時間來練習傳達。可以的話，錄下自己的簡報過程。

深入閱讀

有許多關於敘事和用資料講故事的優秀參考資料。Cole Nussbaumer Knaflic 的《Storytelling with Data》（Wiley）在改進資料視覺化技術方面非常出色，同時也用一個章節完整介紹建構敘述的方法。雖然這一章未涉及資料視覺化，但它對建立故事的資料科學家來說，也是一項至關重要的技能；第 8 章也涵蓋一些相關技能。在同一脈絡中，Brent Dykes 的《Effective Data Storytelling: How to Drive Change with Data, Narrative and Visuals》（Wiley）充滿有價值的見解，我發現他對資料、視覺元素和敘事之間交互作用的討論非常有用。

《Simply Said: Communicating Better at Work and Beyond》（Wiley）由 Jay Sullivan 撰寫，強調在一般溝通中簡單表達的價值，無論是書面還是口頭。他對寫少於 10 個單字的短句建議非常有用。

《It Was the Best of Sentences, It Was the Worst of Sentences: A Writer's Guide to Crafting Killer Sentences》（Ten Speed Press）由 June Casagrande 撰寫，此書是針對作家而寫，但提供許多成為更好溝通者的建議。她認為，考慮受眾，即「讀者為王」，應該是建構敘事時的北極星。

《Resonate: Present Visual Stories that Transform Audiences》（John Wiley and Sons）由 Nancy Duarte 撰寫，如果您想從設計師的角度學習講故事的藝術，這本書非常適合。也可以在 Chip Heath 和 Dan Heath 的《Made to Stick: Why Some Ideas Survive and Others Die》（Random House），找到許多本章涵蓋的主題詳細資訊。他們的六個原則：簡單、意外、具體、可信、情感和故事，總能引起共鳴。

Peggy Klaus 的《The Hard Truth About Soft Skills: Workplace Lessons Smart People Wish They'd Learned Sooner》強烈主張專注於培養軟技能。資料科學家在早期專注於發展他們的技術專業知識，因此忽視了所謂的軟技能；但不可否認的事實是，您的職業生涯嚴重地依賴於後者。

在科學方法中的敘述方面，David Grandy 和 Barry Bickmore 的文章〈Science as Storytelling〉（*https://oreil.ly/3rn9-*），提供科學方法和敘事之間類比的許多細節。

## 第八章

資料視覺化：
選擇合適的圖表來傳達訊息

第 7 章介紹了在資料科學中建構和傳達強大敘事的一些良好實務，資料視覺化（data visualization, datavis）是豐富敘事的強大工具，也是一門獨立的研究領域。因此，它們是溝通工具的必要選擇。您應該一直問自己的問題是：這個圖是否有助於我傳達想要傳達的訊息？如果答案是否定的，就回到起點，找到適合您訊息的正確圖表。本章將提供一些建議，幫助您提高視覺化技能。

一些有用但很少用的資料視覺化

過去幾十年，資料視覺化領域發展迅速。您可以找到許多線上參考、目錄和分類，這些應該可以幫助您找到適合您問題的正確類型圖表，可以查看 Data Visualisation Catalogue（*https://oreil.ly/BHQ1t*）或 From Data to Viz（*https://oreil.ly/m75Ww*）。

不幸的是，許多從業者仍然堅持使用預設方案，比如折線圖（line plot）和長條圖（bar plot），而這兩者經常可以互換使用。本章將檢視一些不太知名的圖表類型，並討論一些資料從業者常見的陷阱，當然沒辦法全部包含，因此本章最後，也會指引一些提供該領域更完整描繪的優秀資源。

長條圖與折線圖

讓我們從最基本的問題開始：什麼時候應該使用長條圖和折線圖？一般的建議是，類別型（*categorical*）資料使用長條圖，連續型（*continuous*）資料使用折線圖。連續型資料的最常見情境是使用一個時間序列（time series），即一系列由時間進行下標索引的觀測值（y_t）。現在就來檢查這種推薦作法的有效性。

請記住，圖表應該幫助您傳達訊息。對於類別型資料，例如不同顧客區段的平均每位使用者收入，您很可能想要突顯不同顧客區段之間的差異。而且，這些類別沒有明顯的順序：您可能想對它們排序以幫助傳達訊息，也可能不想，或者您可能只是堅持按字母順序排列。長條圖是出色的溝通工具，因為它很容易查看和比較各長條的高度。

對於時間序列，通常會突顯資料的幾個屬性為：

- 時間提供的循序排列

- 平均水平

- **趨勢**或增長率

- 任何曲率（curvature）

如果您想知道的是以上任何一個訊息，折線圖就會是個不錯的選擇。

圖 8-1、8-2 和 8-3 顯示用於類別型資料和兩個時間序列（短和長）的長條與折線圖。首先看類別型資料，長條圖能夠輕鬆比較不同區段的度量；另一方面，對於不同類別之間的差異，折線圖的視覺化就不明顯，這是因為折線的連續性，會讓人誤以為這些類別在某種程度上是相連的。受眾需要花更多心力，才能理解您正在繪製的內容，這會干擾您想要傳達的訊息。

觀看時間序列資料，您可能認為長條圖做得還可以，至少如果樣本不夠大的話。一旦樣本大小增加，就會出現不必要的混亂，然後質疑所選擇的圖表類別。注意，折線圖會清楚且迅速地告訴您有關趨勢和水平的一些訊息，而不需要額外的筆墨。稍後在我討論資料墨水比（data-ink ratio）時會針對這一點有更多說明。

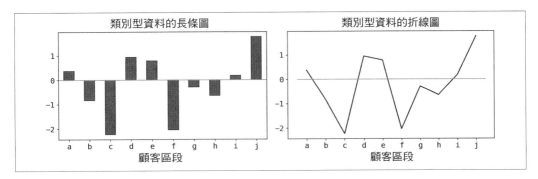

圖 8-1　顧客區段的長條圖和折線圖

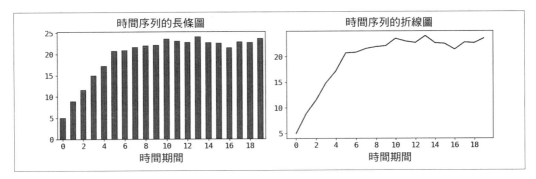

圖 8-2　時間序列的長條圖和折線圖

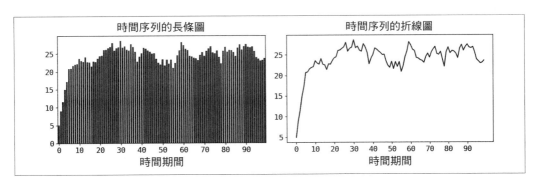

圖 8-3　長時間序列的長條圖和折線圖

斜率圖

閱讀 Edward Tufte 的《The Visual Display of Quantitative Information》（Graphics Press）時，可以瞭解斜率圖（slopegraph）的有用性，但我花了一些時間才理解它們的用途。要知道的是，在需要傳達關於類別型資料的**趨勢**訊息時，斜率圖非常有效，某種程度上，斜率圖能結合長條圖和折線圖的優點，因為它允許您比較不同區段的**趨勢**。

圖 8-4 為斜率圖範例，看得出來，線條很容易傳達每個區段的**趨勢**，並且這樣的視覺能輕鬆比較各個區段。在此範例中只有 5 個區段，因此很容易正確地標記標籤，但使用更多區段製作可讀的圖表可能會更具挑戰性，儘管如此，還有其他工具可以幫助您完成此操作，例如使用圖例和不同的顏色或線型，如破折號、點等。

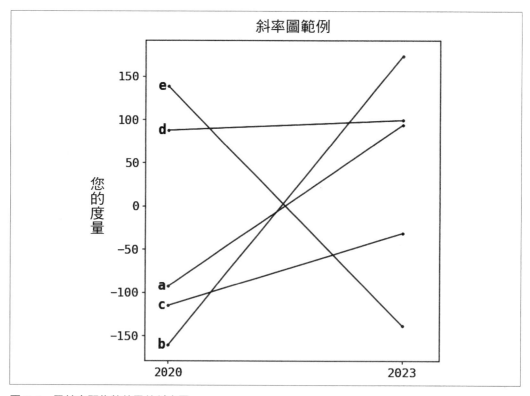

圖 8-4　用於突顯趨勢差異的斜率圖

瀑布圖

瀑布圖（waterfall chart）（圖 8-5）經常由業務利益相關者所使用，並且受到麥肯錫（McKinsey）管理諮詢公司的普遍推崇。這裡的想法是使用區段或類別來分解度量變化，我在第 3 章中就有用瀑布圖，因為它們非常適合繪製這些分解的輸出。

當其中一個區段的比例有顯著不同時要小心，這通常發生在使用增長率，而且某個類別具有非常小的初始值時。同樣的，請記住這類圖在訊息涉及分解時非常有用。

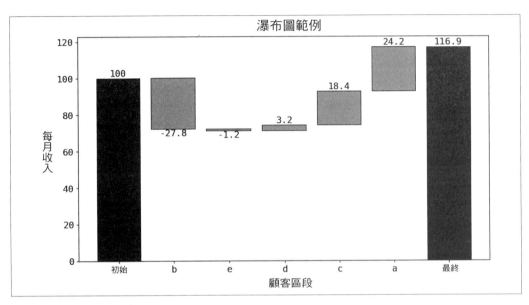

圖 8-5　不同顧客區段的收入

散布圖平滑器

當您想要傳達有關兩個變數 X 和 Y 之間相關性的訊息時，散布圖（scatterplot）是很好的選擇。比較可惜的是，對大型資料集來說，即使存在相關性，也很難顯示該關係。

有幾種處理這個問題的替代方法。最簡單的解決方案是使用資料的隨機樣本來建立圖表，通常這樣就夠了，因為大多數情況下不需要完整的資料集；或者，可以使用六角形散布圖（hexagonal bin plot）（*https://oreil.ly/sf_MH*），實際上透過著色六角形區域的密度來減少維度。相同的原則適用於等高線圖（contour plot）（*https://oreil.ly/91Mtn*），但這需要事前更多準備工作。

另一種解決方案是使用散布圖平滑器（*scatterplot smoother*），它會在資料上擬合一非
線性平滑器。如果存在著某種關係時，則此非線性函數通常就夠用了，能幫助您找出關
係，但是，必須小心，資料視覺化中的一個大原則，是不要嘗試改變資料的性質，或如
Tufte 所稱的圖形完整性（*graphical integrity*），平滑技術就可能會改變觀看者對資料的
感知。

圖 8-6 有三張圖：第一張散布圖使用包含 1000 萬組觀測值的整個資料集，第二個使用原
始資料集的足夠小的隨機樣本來重複此練習，第三個圖呈現原始資料和立方（cubic）散
布圖平滑器。將資料呈現出來絕對是個好辦法：這樣受眾可以自行判斷平滑器是否能有
效表達關係。

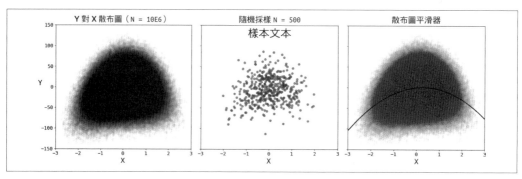

圖 8-6　模擬帶有二次生成過程的大型資料集散布圖

繪製分布

分布（distribution）對於資料科學家來說相當重要，甚至在開始專案之前，就繪製或
列印您的度量的一些分位數，都是一種不錯的做法。向利益相關者呈現分布可能不太明
顯，因為它們很難理解，而且可能造成不必要的混淆。

直方圖（histogram）是繪製分布的標準方法：這些只是您的度量的定義域（domain）
已排序、互斥的子集合（或分箱（bin））中的資料發生頻率。核心密度估計（kernel
density estimate, KDE：*https://oreil.ly/29aJ3*）圖提供對分布的平滑估計，並取決於兩個
關鍵參數：核心（或平滑函數），和頻寬（bandwidth）。圖 8-7 顯示一個模擬的混合常
態資料直方圖和高斯（Gaussian）KDE。

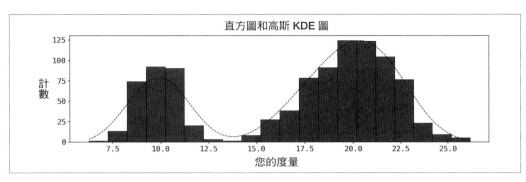

圖 8-7　模擬資料的直方圖和 KDE 圖

繪製 KDE 時要注意尺度。KDE 是對底層分布的平滑估計，確保它們的積分為 1，而不用在乎尺度。當我繪製 KDE 時，我通常會刪除垂直標籤，因為它們可能會引起混淆。在圖 8-7 中，我重新調整了軸，使其可與直方圖中的軸比較。

我很少對利益相關者使用直方圖或 KDE，因為這樣會傳達太多不必要的訊息。大多數情況下，您只需要呈現其他視覺化效果的一些分位數，例如標準箱形圖（box plot）（*https://oreil.ly/mTEfe*）。但也有例外，那就是當我想強調與分布有關，且對我的訊息至關重要的事物時；典型的使用案例是當我想展示度量的定義域中有顯著異常行為時，例如防範詐欺方面。

如果要突顯分布中的變化，可以使用箱形圖。典型的情況是當您想顯示銷售或顧客的品質已經發生變化時，例如因為平均單筆交易額（average ticket）已隨時間改善。由於樣本平均值對異常值敏感，您可能希望顯示驅動此變化的原因。

圖 8-8 顯示了繪製這些變化的兩種替代方式。左側的圖顯示標準箱形圖，右側我決定只繪製最小值和最大值，以及使用折線圖來顯示 25%、50% 和 75% 的分位數。箱形圖包含的資訊遠多於傳達訊息所需的資訊，因此我決定更改兩項：

- 呈現絕對必要的資料（分位數）。
- 根據本章一開始的建議使用折線圖。

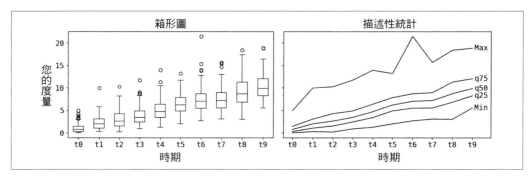

圖 8-8　繪製分布變化的兩種替代方案

一般性建議

在討論資料視覺化中的一些常見陷阱之後，可直接進入適合設計和執行的一般性建議。

找到適合您訊息的資料視覺化

您選擇的圖表可能會改變受眾感知資料的方式，因此最好找到真正有助於傳達訊息的類型。例如，您想要比較不同類別之間的金額嗎？或是一段時間的變化？還是比例？不確定性？您可以根據想要傳達的內容找到許多線上資源，這些資源將會指導您，例如，Data Visualisation Catalogue（*https://oreil.ly/_S7G-*）根據「您想展示的內容」顯示不同類型的圖表。

要一再強調也不為過的是訊息，因此，我還是建議在最後輸出之前多嘗試幾種圖表方式，這需要較長的時間，但最後一哩路至關重要。圖 8-9 是我在準備本章時捨棄的一張圖，當時覺得同時使用箱形圖和折線圖似乎是一個很好的主意，但傳達訊息的效果不佳，因過於混亂。

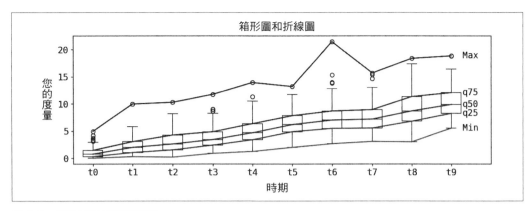

圖 8-9　無助於訊息傳達的圖

明智選擇顏色

還有一個常見的錯誤，是將顏色視為繪圖的裝飾性功能。在市場行銷環境中，這可能是真的，但在資料視覺化中，必須明智地選擇顏色以傳達訊息。

常見情景是長條圖：您有一個橫跨不同類別的度量，並且希望展示有關一或多個區段的有趣見解，比較好的建議是為所有長條選擇一種，且只有一種顏色。我見過許多資料科學簡報，演講者認為如果每個長條都有不同顏色，圖表看起來會很棒；但退一步思考一下受眾：他們會不會認為您是顏色搭配專家？的確有這可能，實際上，許多人會認為不同的顏色代表您想要突顯的第三個變數。在類似這樣的情況下，顏色所傳達的訊息若與水平軸上的標籤完全相同，最好還是只選擇一種顏色。

圖 8-10 顯示三個範例：第一個圖突顯您要避免的內容，因為區段標籤和顏色代表了相同的維度，中間的圖消除這種冗餘性，第三個圖則顯示著色能幫忙傳達訊息的範例：您希望受眾專注於表現不佳的 b 區段，如果上色還不夠，也可以添加其他文本註釋。

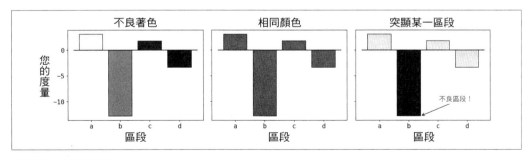

圖 8-10　使用著色的範例

繪圖中的不同維度

前面的範例可以泛化為其他類型的裝飾特徵，例如不同的標記類型或線條樣式。相同的原則也適用：如果只提供冗餘訊息並可能使受眾困惑，則只使用一種此類特徵。

也就是說，如果對於訊息，您有重要的其他資訊，則可以使用這些額外特徵。最好的範例是氣泡圖（bubble plot）：它與散布圖類似，您想要用它來講述兩個變數 X 和 Y 之間的關係，它還包括第三個變數 Z，由圓形標記或氣泡的直徑來表達。如圖 8-11 的範例。

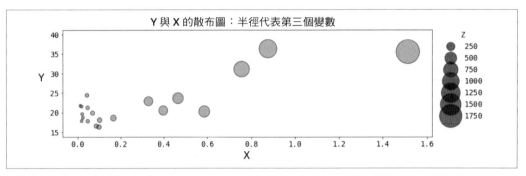

圖 8-11　使用氣泡圖表達第三個維度

追求夠大的資料 - 墨水比

在討論圖 8-3 中的使用長條時，我提過應該避免混亂；長條本身只提供了冗餘訊息。透過資料-墨水比（*data-ink ratio*）概念，Edward Tufte 證實這種直覺，他將資料-墨水定義為圖形的「不可擦除的核心」，資料-墨水比指資料 - 墨水與圖形中的總墨水比例。當您在繪圖中包含非資訊性特徵時，會降低此比率；或者，如果您只是要表達資料而不包含其他任何資訊時，則可以改進此比率。

儘管 Tufte 支持最大化這個比率的想法，但我將資料 - 墨水比視為靈活的指導原則：北極星，而不是刻在石頭上的法則，因為確實有視覺感知研究與 Tufte 的建議相矛盾[1]。例如，圖 8-10 最右邊的圖，要為受眾提供額外資訊以突顯某事物，會增加這個比率，因此是一種不好的實務。您可以自行判斷，但我發現這有助於幫助受眾將注意力集中在我想傳達觀點的細節上。

1　參見如 McGurgan 等人的文章，〈Graph Design: The Data-Ink Ratio and Expert Users〉，載於 Proceedings of the 16th International Joint Conference on Computer Vision, Imaging and Computer Graphics Theory and Applications（VISIGRAPP）3（2021）：188-194。

客製化與半自動化

在典型的情境中，資料科學家會使用可以提高其生產力的視覺化工具，這些半自動化工具會縮短圖表交付時間，但通常提供的客製化空間也有限。請使用靈活的工具，允許您輕鬆客製化繪圖。

 我傾向於強烈支持客製化。反璞歸真地使用類似 Python 的 Matplotlib 這樣通用且靈活的工具，可以有效提高建立正確圖表的能力。一開始可能會有陡峭的學習曲線，但過一段時間後，您將能夠毫不費力地建立幾乎任何您想像得出來的繪圖。

從一開始就確保字體大小正確

這聽起來可能是常識，但也是我在資料科學簡報中經常看到的錯誤。為圖表選擇適合的字體大小，並反覆檢查每個標籤都是可讀的，而且一定要為圖表包含標題，以及垂直和水平軸的標籤，總之，要盡一切努力設計可自我解釋且易讀的圖表。

在 使 用 Python 的 Matplotlib 時 的 一 個 好 方 法 是 客 製 化 rcParams（*https://oreil.ly/m4rz3*）。例如，為了確保我的預設字體大小永遠適合，我會在筆記本，或匯入必要模組之後的腳本頂部包含類似以下內容：

```
# 一開始就設定繪圖參數
font = {'family' : 'monospace',
        'weight' : 'normal',
        'size'   : 14}
axes = { 'titlesize' : 22,
        'labelsize' : 20}
figure = {'figsize':(10,4),
          'autolayout':True}
matplotlib.rc('font', **font)
matplotlib.rc('axes', **axes)
matplotlib.rc('figure', **figure)
```

如果您認為這些新的預設參數對特定圖表來說沒用，只需為該圖表覆寫它們。

互動或非互動

互動圖表隨著 JavaScript 程式庫，例如 D3.js（*https://d3js.org*）的發展，以及它們在 Python 和 R 中的可用性增加，而越來越受歡迎。在 Python 中，您可以找到幾個製作互動圖表的工具；其中最受歡迎的包括 Plotly（*https://plotly.com*）、Seaborn（*https://oreil.ly/CsVh7*）和 Altair（*https://oreil.ly/zWKfz*）等。

在靜態圖表中，例如本章圖表與受眾，也就是從創作者到受眾的交流是單向的。對很多時候來說，這不是件好事，因為受眾無法自行檢視資料。互動圖表就有助於彌合這一差距。

但是，對於大多數常見的使用案例來說，這只是一種過渡，這裡的建議是只有在受眾應該檢視資料時才使用它們；否則，還是應該使用帶有清晰訊息的靜態圖表。

保持簡單

我在第 7 章提出建立簡單敘事的原因，對於資料視覺化來說尤其如此。您的目標是傳達訊息，而複雜的圖表會增加受眾的理解困難；此外，在現場簡報時，也很有可能會人問您一些使人分心、偏離主要訊息的問題。

開始解釋圖表

另一個常見的錯誤，是假設受眾都能夠理解圖表，而且可以立即解釋從中所獲得的主要見解。這就是為什麼您應該首先釐清圖表：清楚地說明垂直和水平軸上的內容，然後選擇圖表的一部分開始解釋，例如標記、線條或長條，確保圖表夠清晰後，就可以傳達訊息。

主要重點

本章重點可總結如下：

資料視覺化的目的

　　視覺化應該幫助您傳達訊息。在呈現圖表之前，請確保您有訊息要傳達；否則，放棄該圖表。

圖表類型

選擇最適合您傳達的類型。長條圖非常適合比較類別之間的度量；但如果您的度量是連續型的或用於顯示時間序列，則折線圖更好。瞭解它們的差異並明智地做出選擇。

一般建議

追求簡單的視覺化，避免混亂。明智地選擇顏色，並透過調整字體大小來確保圖表可讀。確保您的軸有標籤，而且是合理的。在單元不明顯的情況下，將單元包含在圖表內。除非絕對必要，否則避免互動圖表。

深入閱讀

關於資料視覺化，最常引用的參考資料之一是 Edward Tufte 的《The Visual Display of Quantitative Information》（Graphics Press），在許多主題中，他詳細討論了資料-墨水比，一般公認 Tufte 認為是這個領域的奠基專家之一，與 John Tukey 和 William Cleveland 並列。

資料視覺化愛好者的另一個必讀參考資料是 Leland Wilkinson 的《The Grammar of Graphics》（Springer）。R 流行的 *ggplot* 程式庫就受到 Wilkinson 想法的啟發，它對這個行業和其他廣泛使用的視覺化程式庫和工具產生深遠的影響。

資料視覺化的歷史可以在 Michael Friendly 的〈A Brief History of Data Visualization〉（*https://oreil.ly/DcoGO*）中找到，該文發表於《Handbook of Data Visualization》（Springer）。

有很多關於這個主題的現代參考資料。我強烈推薦 Claus Wilke 的《資料視覺化｜製作充滿說服力的資訊圖表》（Fundamentals of Data Visualization: A Primer on Making Informative and Compelling Figures, O'Reilly）。

Jake VanderPlas 的《Python 資料科學學習手冊》（Python Data Science Handbook, O'Reilly），提供一些本文討論主題的優秀範例，並將幫助您瞭解 Matplotlib 的一些細微差別。他的所有程式碼都在 GitHub 上（*https://oreil.ly/Y698n*）。

Kennedy Elliott 的〈39 Studies About Human Perception in 30 Minutes〉（*https://oreil.ly/aneqb*）回顧關於不同圖表如何改變對象的感知，以及相對有效地傳達不同訊息的證據。

## 第二部分

機器學習

## 第九章

模擬和自助法

要在資料科學家的工具箱中應用不同技術，關鍵取決於您正在處理的資料性質。觀察性（*observational*）資料產生於公司內的正常、日常及一般性業務互動；相對而言，實驗性（*experimental*）資料產生於設計良好的實驗條件下，例如設定 *A/B* 測試時。這類資料最常用於推論因果關係或估計槓桿的增量，如第 15 章。

第三類是模擬（*simulated*）或合成（*synthetic*）資料，這個類型相對較不知名，會發生在重新建立資料產生過程（*data generating process, DGP*）時，可以透過對其強假設，或者透過在資料集上訓練生成模型來完成。本章只涉及前一種類型，但如果您對後者感興趣，本章最後部分也有推薦一些參考資料。

對於資料科學家來說，模擬是一種很好的工具，原因如下：

理解演算法

　　沒有一種演算法在所有資料集上都能運作良好。模擬使您能夠挑選出 DGP 的不同層面，並瞭解演算法對變化的敏感性。通常會使用蒙地卡羅（Monte Carlo, MC）模擬來完成。

自助法（*bootstrapping*）

　　很多時候，您需要估計某一估計值的精確度，而不做一些能夠簡化計算的分布假設。自助法就可以在這種情況下幫助您模擬。

槓桿的優化

　　有些情況下，您需要模擬一個系統來瞭解並優化某些槓桿的影響。本章不會討論這個主題，可見這章最後的參考資料。

在深入研究這些主題之前，讓我們從模擬的基礎知識開始。

模擬的基本概念

資料產生過程（DGP）清楚地陳述模擬資料集中輸入、雜訊和輸出之間的關係。以這個 DGP 為例：

$$y = \alpha_0 + \alpha_1 x_1 + \alpha_2 x_2 + \epsilon$$
$$x_1, x_2 \sim N(\mathbf{0}, \Sigma)$$
$$\epsilon \sim N(0, \sigma^2)$$

這表示資料集由一個結果（y）和兩個特徵（x_1、x_2）組成，結果是特徵和雜訊的線性函數，模擬資料集需要的所有資訊都已包含在內，因此 DGP 是完整指明的。

要建立資料，請按照以下步驟進行：

1. 設定一些參數。選擇 α_0、α_1、α_2、2×2 共變異數（covariance）矩陣和殘差（residual）或純雜訊變異數的值。

2. 從分布中繪製。這裡我決定特徵要遵從均值為零（mean-zero）的多變量常態分布，並且殘差獨立抽取自均值為零的常態分布中。

3. 計算結果。一旦所有輸入都抽取後，就可以計算結果 y。

第二步是模擬的核心，所以先來討論這一點。電腦無法模擬真正的隨機數，但有一些方法可以產生偽隨機數（*pseudorandom*），它是從具有純粹不確定性之某些期望特性的分布中抽取的。在 Python 中，random（*https://oreil.ly/rDWrf*）模組包含幾個易於使用的偽隨機數產生器。

儘管如此，讓我們退一步，試著理解這些偽隨機數產生器的工作原理。以下將描述反轉換採樣（*inverse transform sampling*）方法。

假設您能夠繪製一個均勻分布的隨機數 $u \sim U(0, 1)$，並且想要從具有已知累積分布函數（cumulative distribution function, CDF）$F(x) = $ 機率 $(X \leq x)$ 的分布中繪製；重要的是，您還可以計算 CDF 的反函數。具體步驟如下（見圖 9-1）：

1. 產生 K 個獨立的抽取 $u_k \sim U(0, 1)$。

2. 對於每個 u_k，找到 $x_k = F^{-1}(u_k)$：這些是從所需分布中獨立抽取的結果。

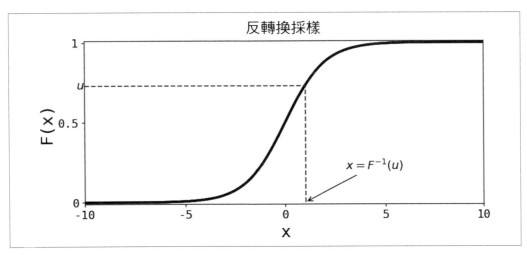

圖 9-1　反轉換採樣

下面的程式碼片段展示了如何計算羅吉斯（logistic）隨機變數的反 CDF。每個均勻隨機數（*https://oreil.ly/yPHM6*）都作為引數傳達，然後您只需要計算給定一些位置和尺度參數的 CDF 反函數：

```
def logistic_cdf_inverse(y, mu, sigma):
    """
    傳回羅吉斯隨機變數的 CDF 的反函數
    輸入：
        y: float: 介於 0 和 1 之間的數字
        mu: 位置參數
        sigma: 尺度參數
    傳回值：
        x: F(y;mu,sigma) 的反函數
    """
    inverse_cdf = mu + sigma*np.log(y/(1-y))
    return inverse_cdf
```

圖 9-2 展示使用這種反轉換採樣方法，比較三種不同樣本大小的 Numpy 羅吉斯隨機數產生器（*https://oreil.ly/nnt5k*），還有我自己實作的 Q-Q 圖，這種圖非常適合視覺性地檢查兩個分布是否相似。這是透過比較水平和垂直軸上分布的對應分位數來完成的：相等的分布必須具有相同的分位數，形成一個位於 45 度對角線（虛線）上的圖，因此您要查找的是與這種理想情況的任何偏離。您可以看到，隨著樣本大小的增加，Numpy 的羅吉斯隨機數產生器，和我自己的實作變得更加接近。

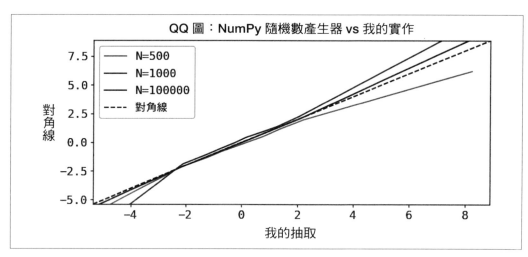

圖 9-2　Numpy 和我自己的羅吉斯隨機變數產生器，用於不同的樣本大小

與隨機數產生器種子有關的最後一個重要資訊是，偽隨機數是透過一個動態過程產生的，比如 $x_t = f(x_{t-1}, \cdots, x_{t-k}, x_1)$。種子是序列的初始值，因此在給定過程（及其參數）的情況下，您總是可以複製整個序列。在實務上，種子的目的是用來複製，在本章的程式碼中，您會看到我總是會設定一個種子，以確保當我再次執行程式碼時，結果不會改變。

模擬線性模型和線性迴歸

在機器學習（ML）中仍然有用的最簡單模擬，是線性（linear）模型的模擬。我現在將模擬以下模型：

$$y = 2 + 3.5x_1 - 5x_2 + \epsilon$$
$$x_1, x_2 \sim N(\mathbf{0}, \mathbf{diag}(\mathbf{3, 10}))$$
$$\epsilon \sim N(0, 1)$$

請注意，特徵是從常態分布中獨立抽取的，共變異數矩陣是對角線的，粗體表示向量或矩陣。殘差則遵循標準常態分布。

現在，您可以執行蒙地卡羅（MC）模擬。一個典型的模擬會包括以下步驟：

1. 固定參數、種子和樣本大小（N）。這確保只會執行單一的 MC 實驗。

2. 定義您希望達到的目標。通常，您希望測試 ML 演算法對真實 DGP 的效能，例如藉由計算偏差。

3. 固定一定數量的模擬（M），估計並保存參數。模擬並訓練每個實驗的模型，並計算在前一步驟中定義的度量。對於偏差的情況，它可能如下所示：

$$偏差\left(\theta, \hat{\theta}\right) = E\left(\hat{\theta}\right) - \theta$$

其中 θ 是感興趣的真實參數（在步驟 1 中設定），$\hat{\theta}$ 是來自 ML 模型的估計，期望值（E）通常用 M 次模擬的樣本平均值來代替。

圖 9-3 顯示進行 300 個實驗的 MC 模擬結果，這些實驗以先前所定義和參數化的線性模型進行，每個實驗的估計參數都儲存下來，圖中顯示樣本平均值和 95% 的信賴區間，以及真實參數。95% 的信賴區間是直接從模擬結果中，透過找到 M 次實驗中的 2.5% 和 97.5% 分位數計算而得來。

這是滿足普通最小平方（ordinary least squares, OLS）所有假設的陽春（*plain vanilla*）模擬，因此線性迴歸在估計真實參數方面表現出色並不足為奇。

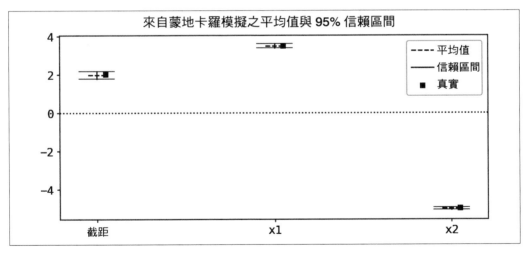

圖 9-3　使用線性迴歸的 MC 實驗結果

現在，我已經使用 MC 模擬來驗證 OLS 估計無偏差，會接著嘗試一些更有趣的事情。例如，當訊噪比改變時會發生什麼事呢？

直觀地說，訊噪比（*signal-to-noise ratio, SNR*）會衡量模型提供的資訊量（訊號），相對於模型未解釋部分的資訊量（雜訊）。一般來說，您包含的資訊性特徵越多，預測模型的 SNR 就越高。

使用第一個模擬作為基線，透過改變殘差變異數 σ^2 並保持特徵的變異數不變，可以輕鬆改變 SNR。圖 9-4 顯示使用與之前相同的參數來進行的新 MC 模擬結果，唯一的不同是殘差變異數，現在大了 1000 倍。

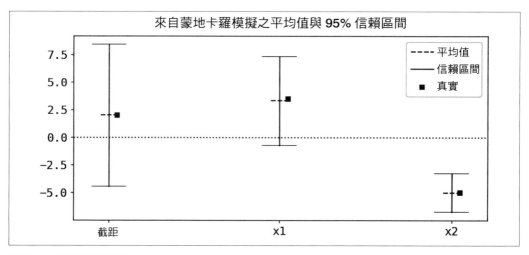

圖 9-4　線性迴歸和降低 SNR

您可以直觀地驗證 OLS 仍然是無偏差的，因為估計值的平均值非常接近真實參數。但由於訊噪比較低，估計現在沒有那麼精確了，即信賴區間較大的意思，這是 SNR 不夠高時的典型症狀。

SNR 的相關性

訊噪比（SNR）是所有資料科學家都應該熟悉的非常有用概念。不久前，我正在估計一個新產品（B）對公司收入的增量，這非常重要，因為產品 B 可能在某種程度上正在和同類型的舊產品 A 同類相殘（*cannibalizing*），這意味著並不會因為顧客使用 B，而產生更多收入，因為他們要用 B 來取代 A，所以整體收入保持不變。

這個專案令人氣餒，因為我的團隊已經嘗試估計該產品的增量，結果參差不齊，有時是正面的，有時則微不足道。我決定使用第 15 章中的一種技術，再次發現存在著積極但在統計上不顯著的效應，原因在於訊噪比：與來自 A 更高收入的自然變異數相比，產品 B 的收入仍然非常低。這是令人警覺的教訓：即使存在增量效應，除非 B 的規模增長更快，否則也無法找到！如果我能早點發現，應該可以節省下很多時間、精力，和組織的挫折感。

何謂部分依賴圖？

儘管線性迴歸在預測效能方面表現一般，但從可解讀性（*interpretability*）的角度來看，仍然是出色的。為了理解這一點，請看之前使用的簡單線性模型：

$$y = \alpha_0 + \alpha_1 x_1 + \alpha_2 x_2 + \epsilon$$

由於殘差在假設下是零平均值，透過計算條件期望值和偏微分，您會得到：

$$\frac{\partial E(y|\mathbf{X})}{\partial x_k} = \alpha_k$$

這顯示每個參數都可以解讀為，在其他條件下，相應特徵對預期結果的邊際效應（*marginal effect*）。換句話說：在線性世界中，特徵的一個單位變化會和結果中的單位變化相關，這在講故事時，會讓 OLS 有潛在優勢。

部分依賴圖（Partial Dependence Plot, PDP）是非線性模型方面的對應，例如隨機森林（random forest）或梯度提升迴歸（gradient boosting regression）：

$$y = f(x_1, x_2)$$

其中 f 表示您希望學習的可能是非線性的函數。

您可以按照以下步驟輕鬆計算特徵 j 的 PDP[1]：

1. 訓練模型。使用訓練樣本來訓練模型，並儲存模型物件。

2. 計算特徵的平均值。計算 K 個特徵的平均 x 值 $\bar{\mathbf{x}} = (\bar{x}_1, \cdots, \bar{x}_K)$。由於是隨機採樣，使用測試樣本或訓練樣本應該不會有太大的區別。

3. 為第 j 個特徵 x_j 建立一個線性網格。固定網格大小 G，建立網格 $\text{grid}(x_j) = (x_{0j}, x_{1j}, \cdots, x_{Gj})$，其中索引 0 和 G 用於表示樣本中特徵的最小和最大值[2]。

4. 計算平均值 - 網格（*means-grid*）矩陣。矩陣 $\overline{\mathbf{X}}_j$ 在相應的行中具有 x_j 的線性網格，並在其他地方具有所有其他特徵的平均值：

$$\overline{\mathbf{X}}_\mathbf{j} = \begin{pmatrix} \bar{x}_1 & \bar{x}_2 & \cdots & x_{0j} & \cdots & \bar{x}_K \\ \bar{x}_1 & \bar{x}_2 & \cdots & x_{1j} & \cdots & \bar{x}_K \\ \vdots & \vdots & \ddots & \vdots & & \vdots \\ \bar{x}_1 & \bar{x}_2 & \cdots & x_{Gj} & \cdots & \bar{x}_K \end{pmatrix}_{G \times K}$$

5. 預測。使用已訓練的模型，使用平均值-網格矩陣預測，這能提供特徵 j 的 PDP：

$$PDP(x_j) = \hat{f}(\overline{\mathbf{X}}_\mathbf{j})$$

請注意，偏微分和部分依賴圖都能回答差不多的問題：當只允許一個特徵變化時，預測結果的變化會是多少？對於非線性函數，您需要將其他所有特徵固定在某個值，通常是樣本平均值，但也可以選擇其他值。偏微分關注變化，而 PDP 繪製了允許特徵變化情況下的所有預測結果。

我向您展示的偽程式碼有效適用連續型特徵。對於類別型特徵，您需要小心「網格」：不是建立線性網格，而只需建立可能值的陣列，例如對於虛擬變數的 *{0, 1}*。其他一切都相同，但在這裡更適合使用長條圖，如同第 8 章所解釋。

---

1 雖然我認為這種方法很直觀，但這並不是計算 PDP 的標準方式，13 章會深入討論這一點。

2 或者，可以修剪離群值，並將極端值設置為某些選定的分位數。儲存庫（*https://oreil.ly/dshp-repo*）中的程式碼允許這樣的設置，這在應用中非常有用。

現在，我將使用模擬的第一個模型，來比較線性迴歸和 scikit-learn 的梯度提升迴歸（gradient boosting regression, GBR：*https://oreil.ly/UNDoi*），以及隨機森林迴歸（random forest regression, RFR：*https://oreil.ly/fFCoh*）的結果。這是可以設定的一個有用基準：一般預測非線性演算法在識別非線性方面更強大，但當真實的底層模型是線性時，也一樣很好嗎？

圖 9-5 繪製真實斜率以及 GBR 和 RFR 的估計 PDP，使用最大深度 = 1 參數，該參數控制兩種演算法中每棵樹的最大高度。此處選擇並非沒道理，因為模型在參數和特徵上是線性的；一棵樹無法學習 DGP，但對於集成（ensemble）模型而言，這個限制就不那麼重要。所有其他元參數（metaparameter）都固定為 scikit-learn 的預設值。

有趣的是，GBR 在找尋兩個特徵的真實參數方面表現得很好。RFR 對 x_2 的表現不錯，但對 x_1 的表現不佳。

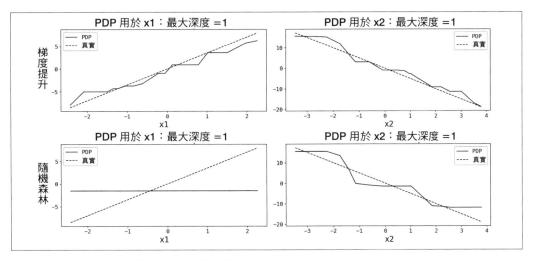

圖 9-5　GBR 和 RFR 迴歸的 PDP（最大深度 = 1）

圖 9-6 顯示了當最大深度 = 7，且其他一切都像之前一樣設定時的結果。GBR 再次表現出色，而且在允許額外的非線性情況下，RFR 也能夠估計真實參數。有趣的是，最大深度 ≥ 3 時，x_1 的 PDP 的正確形狀開始恢復，如本章儲存庫中的結果（*https://oreil.ly/dshp-repo*）。這裡發生什麼事呢？

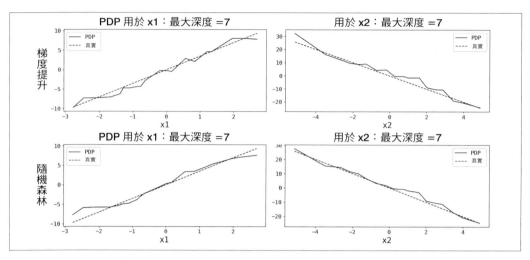

圖 9-6　GBR 和 RF 迴歸的 PDP（最大深度 = 7）

此模擬具有兩個參數，同時為第二個特徵 x_2 賦予更大的權重：它抽取自變異數較大的常態分布中（$\sigma_{22} = 10 > 3 = \sigma_{11}$），並且相應的參數絕對值也更大，這意味著 x_2 的一個標準差變化對 y 的影響，大於 x_1 的相應變化。結果是，RFR 在每棵樹的第一次分裂中會更常選擇第二個特徵。

圖 9-7 顯示了當我交換模擬特徵的變異數，而其他一切保持不變時的結果。您可以看到，RFR 現在更能夠估計第一特徵的真實效應，而對於第二特徵則相對較差，但也沒有之前那麼糟糕。由於參數只更改從中抽取的分布的變異數，其他未更改，x_2 仍然在整個樹的第一次分裂中獲得足夠的權重，因此該演算法能夠捕捉到真實效應的一部分。

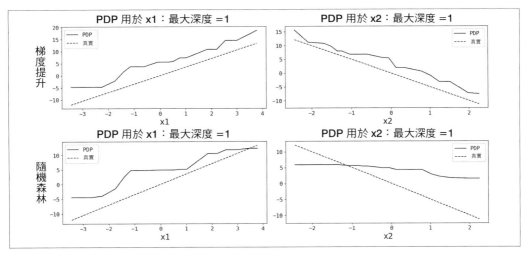

圖 9-7　當特徵的變異數交換時的 PDP（最大深度 = 1）

您可能想知道，是否有其他可以優化以減少此 RFR 估計偏差的元參數。如前所述，問題似乎在於賦予 x_2 的是更大的權重，因此最後會在樹的第一次分裂中選擇它；如果增加最大深度，也會在進一步分裂中選擇它。這裡可以進行的一種方法是透過更改預設參數 max_features，它是用來設定在每次分裂中可以互相競爭的隨機選擇特徵數。預設值是特徵的總數，在此範例中為 2，因此 x_1 永遠會輸掉。但是，如果將其更改為一個特徵，由於選擇的隨機性，您強制集成模型在某些情況下讓其自由通行。圖 9-8 顯示這種更改的結果。

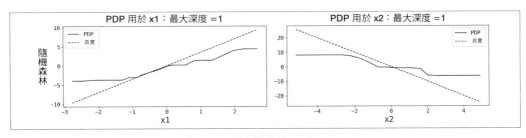

圖 9-8　隨機森林的 PDP（最大深度 = 1 和最大特徵數 = 1）

省略變數偏差

在線性迴歸中，當資料科學家未能包含一個需要包含，且與任何其他已包含特徵相關的特徵時，就會發生省略變數偏差（*omitted variable bias*）（*https://oreil.ly/IqzUA*），這會建立偏差的參數估計，因此預測效能不佳。

要解釋偏差的工作原理，可以回到本章一開始介紹的簡單兩特徵線性模型，但現在假設資料科學家只包含第一個特徵，並估計：

$$y = \beta_0 + \beta_1 x_1 + \eta$$

對於已包含的變數，真實的未觀察係數是 α_1，因此將其與不精確的模型係數（β_1）比較，可以顯示：

$$\beta_1 = \alpha_1 + \underbrace{\alpha_2 \frac{Cov(x_1, x_2)}{Var(x_1)}}_{偏差}$$

由此可見，在兩個特徵不相關時存在偏差。此外，偏差的符號取決於 $\alpha_2 \times Cov(x_1, x_2)$ 的符號。

讓我們首先模擬與之前相同的 DGP，但排除 x_2。我將對相關性（correlation）係數的網格執行此操作，因為它們受到 [-1,1] 區間的限制，因此更容易處理。請記住，真實的參數是 $\alpha_2 = -5$，因此偏差的符號將是相關性符號的負號：

$$符號(偏差) = -符號(Cov(x_1, x_2))$$

為了模擬 $x_1, x_2 \sim N(\mathbf{0}, \Sigma(\rho))$，您可以簡化參數化，使其具有單元變異數，以便：

$$\Sigma(\rho) = \begin{pmatrix} 1 & \rho \\ \rho & 1 \end{pmatrix}$$

執行模擬的步驟如下：

1. 固定網格中的相關性參數 ρ。

2. 根據此相關性參數模擬 DGP。

3. 對於每次 MC 實驗，估計排除第二特徵的參數。

4. 計算所有 MC 實驗的偏差。

5. 對網格中的所有其他元素重複執行。

圖 9-9 顯示具有不同相關性參數的 MC 模擬結果，以下 4 個值得注意：

- 當特徵不相關時，偏差為零。

- 偏差的符號與相關性參數的符號相反。

- 在單元相關性係數的情況下，偏差等於被排除特徵的參數。

- 截距（intercept）不存在偏差，而根據定義，截距與被省略的變數不相關。

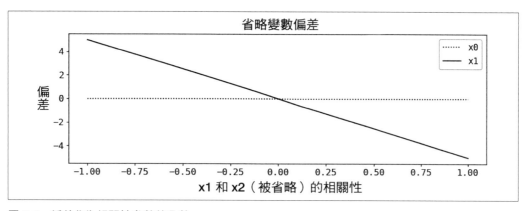

圖 9-9　偏差作為相關性參數的函數

現在來總結最後一個發現：如果您打算使用線性迴歸，務必仔細考慮需要包含的特徵！這就是為什麼，即使對於底層因果機制的假設很薄弱，例如，包含地理虛擬變數，可以幫助您減輕會在該級別變化特徵的省略變數偏差程度；但還是建議一定要包含一些控制機制。

話雖如此，如今幾乎沒有人在介紹性課程或教科書中，或在估計因果效應時（參見第 15 章）使用 OLS。一個理所當然的問題是，更具預測性的演算法是否也會因這個問題而感到困擾。

為了回答這個問題，讓我們進行一次 MC 實驗，並計算 OLS 和 GBR 的偏差。但我首先需要找到一種方法，來估計與線性 DGP 中的參數相當的 GBR 參數。檢視 PDP（圖 9-5）建議一種簡單的方法：

1. 建構 x_1 的部分依賴圖。

2. 執行線性迴歸 $pdp = \gamma_0 + \gamma_1 \mathrm{Grid}(x_1) + \zeta$。

3. 使用估計的斜率參數 γ_1 來計算偏差。

圖 9-10 繪製左圖獨立特徵，和右圖相關特徵的 OLS 和 GBR 模擬偏差，而未進行元參數優化。如預期那樣，獨立特徵無法區分偏差與 0（請參見信賴區間）；而對於正相關的特徵，偏差為負且在統計上與 0 有顯著差異，這對 OLS 和 GBR 都成立。這些結果令人沮喪且有如一記當頭棒喝：您不能用演算法來解決資料問題。

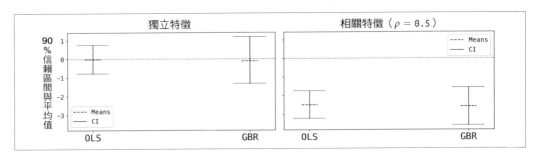

圖 9-10　獨立和相關特徵的 OLS 和 GBR 偏差

　一般來說，不要期望演算法能夠解決資料問題。有強固的演算法，但沒有一個萬無一失。

模擬分類問題

您可能還記得，在分類問題中，輸出變數是類別型而不是連續型。這些問題在資料科學中經常出現，典型的使用案例包括預測顧客流失，兩個類別：使用者是否會流失，或顧客需要接受或拒絕提供方案問題，例如交叉銷售（cross-selling）和向上銷售（upselling），或任何其他市場行銷活動、預測詐欺等。

潛在變數模型

模擬二項分類模型的一種標準方法是使用潛在變數（latent variable）[3]。如果一個變數是潛在的（latent），不能直接觀察它，但會影響可觀察的結果。在檢查以下 DGP 後，這個定義將變得更加清晰：

$$z = \alpha_0 + \alpha_1 x_1 + \alpha_2 x_2 + \epsilon$$

$$y = \begin{cases} 0 \text{ if } z < 0 \\ 1 \text{ if } z \geq 0 \end{cases}$$

$$\epsilon \sim \text{Logistic}(\mu, s)$$

$$x_1, x_2 \sim N(\mathbf{0}, \Sigma)$$

潛在變數是 z，它遵循一個帶有羅吉斯擾動（logistic disturbance）的簡單線性模型，您只觀察到依賴於潛在變數正負符號的二項變數 y。

擾動分布的選擇可以幫助您模擬更平衡或更不平衡的結果模型。對稱分布，如高斯或羅吉斯會產生平衡結果，但如果要將模擬集中在資料的「不平衡性」上，則可以選擇非對稱分布。也可以在不更改分布的情況下，手動選擇不同閾值以達成相同結果。

潛在變數與線性迴歸模型的一個重要區別是，通常它們 DGP 中的參數是不可識別的，這意味著不能直接估計它們，只能估計參數的正規化（normalized）版本。為了瞭解這一點，請注意：

$$\begin{aligned} \text{Prob}(y = 1) &= \text{Prob}(\mathbf{x}'\alpha + \epsilon \geq 0) \\ &= \text{Prob}(-\epsilon \leq \mathbf{x}'\alpha) \\ &= \text{Prob}\left(-\frac{\epsilon}{\sigma_\epsilon} \leq \frac{\mathbf{x}'\alpha}{\sigma_\epsilon}\right) \\ &= F(\mathbf{x}'\alpha/\sigma_\epsilon) \end{aligned}$$

其中 F 是羅吉斯分布的 CDF，我使用羅吉斯 PDF 會對稱的這一事實。最後一個方程式顯示真實參數與正規化參數 α/σ_ϵ 無法區分，在模擬中，我將報告這兩組參數的值，以突顯這一事實。

---

[3] 為了模擬多項羅吉斯模型（multinomial logistic model），需要使用一種考慮羅吉斯多項模型一些特性的不同技術（*https://oreil.ly/K5d8i*）。

在分類模型中，邊際效應（*marginal effect*）測量一個特徵的微小變化對所感興趣的機率影響。在線性迴歸中，這只是與每個特徵相對應的係數，但由於 CDF 在參數上是非線性的，所以對於分類模型而言，計算並不像在線性迴歸中一樣簡單。由於 CDF 的微分是 PDF，在應用微分的連鎖律（chain rule）後，您會得到：

$$\frac{\partial \text{Prob}(y=1)}{\partial x_k} = f(\mathbf{x}'\alpha)\alpha_{\mathbf{k}}$$

$$= \frac{e^{\mathbf{x}'\alpha}}{\left(1 + e^{\mathbf{x}'\alpha}\right)^2}\ \alpha_k$$

注意非線性要如何發揮作用：為了計算一個特徵的邊際效應，您需要評估 $f(\mathbf{x}'\alpha)$。與 PDP 一樣，標準做法是使用特徵的樣本平均值來計算並估計參數的內積。邊際效應的正負符號只依賴於真實參數的正負符號，這一直都是理想的特性。

比較不同演算法

我現在將執行一個 MC 模擬，以比較來自 3 種不同模型的結果：

線性機率模型

> 在觀察到的二元結果和特徵上執行 OLS。我沒有使用加權最小平方方法來校正異質變異數（heteroskedasticity），這是在想要報告信賴區間時的標準做法，但不會影響偏差 [4]。

羅吉斯模型

> 標準羅吉斯迴歸（*https://oreil.ly/rfsei*）。我展示從最後一個方程式獲得的估計參數和邊際效應。

梯度提升分類器

> 來自 scikit-learn 程式庫（*https://oreil.ly/H3JkU*）。為了使其可比較，我計算了 PDP 的斜率。

---

[4] OLS 的一個關鍵假設是擾動具有相同的變異數（同質變異數（homoskedastic））。相反的，異質變異數的擾動具有不同的變異數參數，而嚴格說起來，OLS 不再是最佳的。在可以估計異質變異數的形式時，最小平方方法是 OLS 的一種替代方法。

模擬的參數如下：

$$\left(\alpha_0, \alpha_1, \alpha_2\right) = (2, 3.5, -5)$$

$$\sigma_{11} = \sigma_{22} = s = 1$$

$$\sigma_{12} = \sigma_{21} = \mu = 0$$

$$\sigma_\epsilon^2 = \left(s^2 \pi^2\right)/3 \approx 3.28$$

$$\left(\alpha_0/\sigma_\epsilon, \alpha_1/\sigma_\epsilon, \alpha_2/\sigma_\epsilon\right) \approx (1.1, 1.9, -2.8)$$

最後一行顯示了將用為基準的真實正規化參數。

結果可以在圖 9-11 中找到。這個模擬可以知道兩件重要的事：

真實參數無法識別。

與 DGP 中的真實參數相比，從羅吉斯迴歸中獲得的估計參數是錯誤的，因為無法識別它們。儘管如此，估計值非常接近預期的正規化後參數：請將估計值：1.0、1.8、-2.6，與之前的真實正規化後參數比較。

三種方法估計正確的邊際效應。

來自羅吉斯迴歸理論上的邊際效應（PDF 乘以係數）、線性機率模型的係數、以及 GBR 的 PDP 斜率是一致的。

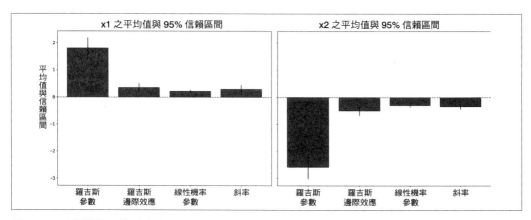

圖 9-11　分類模擬：估計比較

自助採樣法

蒙地卡羅模擬的核心，在於透過指明資料產生過程（DGP）來產生資料集。相反的，自助採樣法（*bootstrapping*）則是從目前資料集產生樣本，主要用於量化估計的變異性。在資料科學中，這類估計包括 PDP（和邊際效應）、精確度和召回率等。由於這些估計依賴於手頭的樣本，因此通常會存在一些您可能希望量化的採樣變動。

為了描述自助採樣法的運作方式，假設您樣本中的觀測數量為 N。您的估計是基於樣本資料的函數，因此：

$$\hat{\theta} = \hat{\theta}\left(\left\{y_i, \mathbf{x_i}\right\}_{i=1}^{N}\right)$$

自助採樣法的偽程式碼如下：

1. 設定自助採樣樣本數量（B）。

2. 對於每個樣本：$b = 1, ..., B$：

   a. 使用放回（*with replacement*）的方式從您的資料集中隨機選擇 N 列。

   b. 計算並儲存在這個自助樣本上的估計：

$$\hat{\theta}^b = \hat{\theta}\left(\left\{y_i^b, \mathbf{x_i^b}\right\}_{i=1}^{N}\right)$$

3. 使用 B 個估計來計算變異數或信賴區間。例如，可以這樣計算標準差：

$$SD\left(\hat{\theta}\right) = \sqrt{\frac{\sum_{b=1}^{B}\left(\hat{\theta}^b - AVG\left(\hat{\theta}^b\right)\right)^2}{B-1}}$$

這種方法的典型使用案例是，當您決定將樣本劃分在等距的儲存桶中之後，例如十分位數，可見第 6 章，再繪製真陽性率（TPR）。在分類模型中，可以預期分數對事件的實際發生具有資訊性，這意味著 TPR 應該是分數的非遞減函數；分數越高，事件發生率越高。

舉個具體的例子說明，假設您訓練了一個預測顧客是否會在下個月停止購買的顧客流失模型，用來預測兩位顧客，得到分數 $\hat{s}_1 = 0.8$ 和 $\hat{s}_1 = 0.5$。理想情況下，這些應該代表實際機率，但在大多數情況下，分數和機率並不是一對一映射，因此這需要一些校正。但即使分數不能解讀為機率，如果它們至少在方向上是正確的，也就是第一位顧客流失機率較高，這也是很好的。

透過將 TPR（真陽性率）按儲存桶繪製，您可以看到模型在這方面是否具有資訊性。但是有一個陷阱！由於採樣變動，單調性實際上取決於所需的細分度（granularity）。為了看到這一原則的實際效應，圖 9-12 顯示了 5 分位數、10 分位數和 20 分位數（ventiles）的 TPR，以及自助採樣的 95% 信賴區間。可以看到，在使用 5 分位數和 10 分位數時，單調性保持不變。當您決定將細分度提高到 20 個等距的儲存桶時會發生什麼事呢？如果您沒有繪製信賴區間，可能會得出模型存在著問題的結論；請參見儲存桶 11、15 和 19。但這都是由於採樣變動引起的：一旦考慮到這一點，您可以安全地得出結論，這些儲存桶與其鄰近的儲存桶在統計學上並沒有差異。

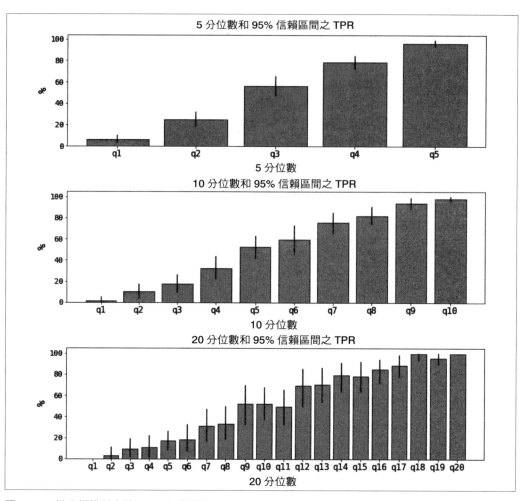

圖 9-12　從分類模型中的 TPR 自助採樣

如果您具有統計背景，可能會認為在這個範例中自助採樣是不必要的複雜作法，因為您只需要計算每個儲存桶的 TPR 參數化變異數，它會遵循二項分布，因此對於 10 分位數，變異數可以計算為 $N/10 \times TPR_d \times \left(1 - TPR_d\right)$。使用這個方法，您就可以計算參數化信賴區間。沒錯，自助採樣在以下情況下最為有用：

- 想在不進行分布假設的情況下計算變異數，即非參數估計。

- 計算變異數很困難或計算成本很高。

主要重點

本章重點可總結如下：

沒有一種演算法能適用於所有資料集。

> 由於現實世界的資料並不完美，可能需要檢查演算法在模擬的範例中是否正確執行。

演算法無法解決資料問題。

> 瞭解每種訓練演算法的局限性也很重要。此外，如果您的資料本身就有問題，請不要期望演算法能夠解決它們。

模擬是瞭解演算法局限性的工具。

> 本章提出幾個模擬範例，以深入瞭解不同演算法的優缺點。本章的儲存庫（*https://oreil.ly/dshp-repo*）中還有其他範例，包括異常值和缺失值。

部分依賴圖是打開許多機器學習演算法黑箱的絕佳工具。

> 為了展示模擬的威力，我計算了部分依賴圖，並將其與線性迴歸和分類的參數比較。

自助法可以幫助您量化估計的精確度。

> 自助法在某種程度上類似於蒙地卡羅模擬，因為您會反覆從資料集中採樣，並透過這些資訊推論一些統計特性；而非從模擬的 DGP 採樣。

深入閱讀

模擬領域非常廣泛，本章只觸及最基本原理。模擬是貝氏（Bayesian）統計和生成式機器學習模型中的重要工具，前者可以查閱 Andrew Gelman 等人的《Bayesian Data Analysis, 3rd ed.》（Chapman and Hall/CRC Press）。 而 後 者，Kevin Murphy 的《Machine Learning: A Probabilistic Perspective》（MIT Press）是一個很好的參考；它還有兩個我沒有審閱，但應該很不錯的更新版本。

《Monte Carlo Statistical Methods》（Springer）由 Christian Robert 和 George Casella 編著，是蒙地卡羅模擬龐大而複雜領域的經典參考書，介紹從分布中採樣的方法。請注意，這本書適用於技術性較強的讀者。

有關自助法的更多資訊，可以參考 Trevor Hastie 等人的《The Elements of Statistical Learning: Data Mining, Inference, and Prediction》（Springer）第 2 版，及作者網頁上的線上版本（*https://oreil.ly/QvSUb*）。此外，該書還提供了有關線性和邏輯迴歸的一些方法資訊。

Khaled El Emam 等人的《Practical Synthetic Data Generation》（O'Reilly）提供有關模擬合成資料的一些有用資訊。正如我在本章開頭提到的，您可以透過對資料產生過程做出假設，也可以透過對現實世界資料建模，從而產生合成資料集。該書提供一些建議，說明如何達成這一點。

羅吉斯迴歸中省略變數偏差和缺乏識別是相當標準的結果，可以在任何計量經濟學教材中找到，例如，參見 William Greene 的《Econometric Analysis》（Pearson）第 8 版。

在《Analytical Skills for AI and Data Science》中，我討論了使用模擬以操縱優化的方法。如果您想探索這一主題，Scott Page 的《The Model Thinker: What You Need to Know to Make Data Work for You》（Basic Books）是一本不錯的參考書；此外，Brian Ripley 的《Stochastic Simulation》（Wiley）也值得參考。

## 第十章

線性迴歸：回歸到基礎

使用 OLS[1] 方法訓練的線性迴歸是大多數資料科學家學習的第一個機器學習演算法，但隨著更強大的非線性替代方案出現，如梯度提升迴歸，它已經成為想充實自己時，會補充的知識。因此，許多實務工作者對 OLS 的許多重要性質不太熟悉，但這些性質能夠幫助對學習演算法這件事保有一些直覺。本章將介紹這些重要性質，並強調其重要性。

係數中會包含什麼？

先從只有一個特徵的最簡單情境開始：

$$y = \alpha_0 + \alpha_1 x_1 + \epsilon$$

這裡的第一個參數是常數（*constant*）或截距（*intercept*），第二個參數是斜率（*slope*），正如直線的典型函數形式中有可能所見那樣。

由於殘差的平均值為零，對 x_1 偏微分後，可以看到以下關係：

$$\alpha_1 = \frac{\partial E(y)}{\partial x_1}$$

$$\alpha_0 = E(y) - \alpha_1 E(x_1)$$

---

1 OLS 指普通最小平方（ordinary least squares）法，這是訓練線性迴歸的標準方法。為了方便起見，我將它們視為等效的，但請記住還有其他可以使用的損失函數。

如第 9 章所討論，第一個方程式因可解讀性的原因而非常有用，因為它表示特徵的一個單元變化會與結果的 α_1 單元變化相關。然而，正如我現在要出示的，您必須小心，不要給它一種因果性的解讀。

將結果的定義代入共變異數（covariance），還可以顯示：

$$\alpha_1 = \frac{Cov(y, x_1)}{Var(x_1)}$$

在雙變數情境中，斜率取決於結果和特徵之間的共變異數以及特徵的變異數。由於相關性不意味著因果關係，這裡要小心，不要因果性的解讀這些值。非 0 的共變異數可能來自不同因素：

直接因果關係

　　正如您想要解讀的關係（$x_1 \rightarrow y$）。

逆向因果關係

　　$x_1 \leftarrow y$，因為共變異數在引數上是對稱的。

干擾因子

　　干擾因子（confounder）是影響 x 和 y 的任何第三變數，但它們在其他方面並不相關。

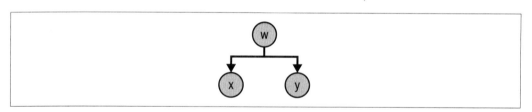

圖 10-1　干擾因子

線性迴歸的估計結果提供有關特徵和結果之間相關程度的資訊，並且只有在非常特定的情況下，才能因果性的解讀，可參見第 15 章。這個警告也適用於其他機器學習演算法，如梯度提升或隨機森林。

對於多重迴歸，即具有多個共變數的迴歸，以下是可以適用的更一般結果：

$$\alpha_k = \frac{Cov(y, \tilde{x}_k)}{Var(\tilde{x}_k)}$$

其中 $\tilde{x}_k$，是在所有其他特徵（$-k$）上，對第 k 個特徵迴歸後的殘差：

$$\tilde{x}_k = x_k - \mathbf{X}_{-\mathbf{k}}\theta_{-\mathbf{k}}$$

對於雙變數線性模型，範例 10-1 中的程式碼片段顯示，線性迴歸和更簡單的共變異數公式在數值上是一致的。

範例 10-1　驗證 OLS 和雙變數共變異數公式的一致性

```python
def compute_alpha_1feat(ydf, xdf):
    """ 使用變異數 - 共變異數公式以及線性迴歸為 y = a + b x
        這種簡單情況計算 alpha 值
        輸入：
            ydf, xdf：結果和特徵的 dataframe
        輸出：
            來自兩種方法的估計係數： Cov() 公式以及
            線性迴歸
    """
    # 使用共變異數公式
    cat_mat = ydf.copy()
    cat_mat['x'] = xdf['x1']  # 串接 [y|x] 以使用 .cov() 方法
    vcv = cat_mat.cov()
    cov_xy = vcv['y'].loc['x']
    var_x  = vcv['x'].loc['x']
    beta_vcv = cov_xy/var_x
    # 使用線性迴歸
    reg = LinearRegression(fit_intercept=True).fit(xdf, ydf.values.flatten())
    beta_reg = reg.coef_[0]

    return beta_vcv, beta_reg

# 計算並列印
b_vcv, b_reg = compute_alpha_1feat(ydf=ydf, xdf=Xdf[['x1']])
decimals = 10
print(f'Alpha vcv formula = {b_vcv.round(decimals=decimals)}')
print(f'Alpha OLS = {b_reg.round(decimals=decimals)}')
Alpha vcv formula = 3.531180168,
Alpha OLS = 3.531180168
```

對於多個特徵的情況，您可以使用以下函數，來驗證更通用的共變異數公式是否與 OLS 一致。請注意，我首先計算特徵 k 對所有其他特徵進行迴歸的殘差：

```python
def compute_alpha_n_feats(ydf, xdf, name_var):
    """
    透過以下方法計算線性迴歸係數：
        1. 正交化（共變異數公式）
        2. OLS
    輸入：
        ydf, xdf：結果和特徵的 dataframe
        name_var： 字串： 您要計算的特徵名稱
    輸出：
        使用兩種方法的 name_var 係數

    """
    # 在所有其他特徵上執行 name_var 迴歸並儲存殘差
    cols_exc_x = np.array(list(set(xdf.columns) - set([name_var])))
    new_x = xdf[cols_exc_x]
    new_y = xdf[name_var]
    reg_x = LinearRegression().fit(new_x, new_y.values.flatten())
    resids_x = new_y - reg_x.predict(new_x)
    # 將殘差傳給共變異數公式
    cat_mat = ydf.copy()
    cat_mat['x'] = resids_x
    vcv = cat_mat.cov()
    cov_xy = vcv['y'].loc['x']
    var_x  = vcv['x'].loc['x']
    beta_vcv = cov_xy/var_x
    # 使用線性迴歸
    reg = LinearRegression().fit(xdf, ydf.values.flatten())
    all_betas = reg.coef_
    ix_var = np.where(xdf.columns == name_var)
    beta_reg = all_betas[ix_var][0]

    return beta_vcv, beta_reg
```

更通用的共變異數公式，會導致一個重要的結果，稱為 *Frisch-Waugh-Lovell* 定理。

Frisch-Waugh-Lovell 定理

Frisch-Waugh-Lovell 定理（FWL）是一個強大的結果，有助於深入瞭解線性迴歸的內部運作。基本上，它說明您可以將 OLS 估計解釋為部分排除（*partialled-out*）效應，即排除了特徵之間的任何其他依賴性效應。

假設您正在對每位顧客的銷售額執行迴歸，其中包括他們支付的價格，和用來表達各州（state）的虛擬變數。如果利害關係者問您價格係數是否可以透過各州價格的變化來解釋，您就可以使用 FWL 定理，明確地說明這些是淨效應（*net effect*）。價格效應已經從跨州的任何價格差異中清除，因為您已經控制住各州差異。

為了呈現這個定理，我將再次使用更簡單的雙特徵線性模型，但這個定理適用於更一般的情況，包括任意數量的迴歸變數：

$$y = \alpha_0 + \alpha_1 x_1 + \alpha_2 x_2 + \epsilon$$

FWL 表明，您可以透過以下兩步驟過程來估計特定係數，例如 α_1：

1. 將 x_2 部分排除：

   a. 對 y 進行 x_2 的迴歸，並儲存殘差：$\tilde{y}_1$。

   b. 對 x_1 進行 x_2 的迴歸，並儲存殘差：$\tilde{x}_1$。

2. 對殘差進行迴歸：

   a. 對 $\tilde{y}_1$ 進行 $\tilde{x}_1$ 的迴歸。其斜率是 α_1 的估計值。

部分排除步驟消除了其他任何迴歸變數對結果和感興趣特徵的影響。第二步在這些殘差上進行雙變數迴歸，由於已經排除 x_2 的效應，因此只剩下令人感興趣的效應。

範例 10-2 顯示當我使用三個特徵來模擬線性模型，並使用 FWL 部分排除方法，和普通線性迴歸估計每個係數時的結果。我使用範例 10-2 中的程式碼片段以比較。

範例 *10-2　檢查 FWL 的正確性*

```python
def check_fw(ydf, xdf, var_name, version = 'residuals'):
    """
    檢查 Frisch-Waugh 定理：
        方法一：在部分排除迴歸上之二步驟迴歸
        方法二：單步驟迴歸
    輸入：
        ydf, xdf：分別為 Y 與 X 之 dataframe
        var_name：字串：我們想要應用 FW 的特徵名稱
        version：字串：['residuals','direct'] 可用來同時測試二個
            本章所呈現之共變異數公式
            'residuals': Cov(tilde{y}, tilde{x})
            'direct': Cov(y, tilde{x})
    """
    # 方法一：　兩步驟迴歸
    nobs = ydf.shape[0]
```

```
cols_exc_k = np.array(list(set(xdf.columns) - set([var_name])))
x_k = xdf[cols_exc_k]
# 迴歸 1：
reg_y = LinearRegression().fit(x_k, ydf.values.flatten())
res_yk = ydf.values.flatten() - reg_y.predict(x_k)
# 迴歸 2：
new_y = xdf[var_name]
reg_x = LinearRegression().fit(x_k, new_y.values.flatten())
res_xk = new_y.values.flatten() - reg_x.predict(x_k)
res_xk = res_xk.reshape((nobs,1))
# 迴歸 3：
if version=='residuals':
    reg_res = LinearRegression().fit(res_xk, res_yk)
else:
    reg_res = LinearRegression().fit(res_xk, ydf.values.flatten())
coef_fw = reg_res.coef_[0]
# 方法二：直接使用 OLS
reg = LinearRegression().fit(xdf, ydf.values.flatten())
coef_all = reg.coef_
ix_var = np.where(xdf.columns == var_name)[0][0]
coef_ols = coef_all[ix_var]

    return coef_fw, coef_ols

cols_to_include = set(Xdf.columns)-set(['x0'])
decimals= 5
print('Printing the results from OLS and FW two-step methods \nVersion = residuals')
for col in ['x1', 'x2', 'x3']:
    a, b = check_fw(ydf, xdf=Xdf[cols_to_include], var_name=col, version='residuals')
    print(f'{col}: FW two-steps = {a.round(decimals=decimals)},
        OLS = {b.round(decimals=decimals)}')

Printing the results from OLS and FW two-step methods
Version = residuals
x1: FW two-steps = 3.66436, OLS = 3.66436
x2: FW two-steps = -1.8564, OLS = -1.8564
x3: FW two-steps = 2.95345, OLS = 2.95345
```

回到之前提出的共變異數公式，FWL 意味著：

$$\alpha_k = \frac{Cov(\tilde{y}_k, \tilde{x}_k)}{Var(\tilde{x}_k)}$$

其中，像之前一樣，$\tilde{x}_k$ 表示對所有其他特徵進行迴歸後的殘差，$\tilde{y}_k$ 表示對相同一組特徵進行迴歸後的殘差。這個 Python 腳本允許您透過使用 version 引數，來測試一般性共變異數公式的兩個版本是否會得到相同結果。

OLS 的一個重要特性是估計的殘差與迴歸變數，或迴歸變數的任何函數會正交，這個過程也稱為正交化（*orthogonalization*）。您可以利用這一事實來證明兩個共變異數公式是等效的。

重要的是，正交化一定要在感興趣的特徵上進行。如果只對結果 y 進行正交化，共變異數公式將不再有效，除非特徵已經彼此正交，因此通常會得到：

$$\alpha_k \neq \frac{Cov(\tilde{y}_k, x_k)}{Var(x_k)}$$

為什麼要在乎 FWL？

我已經提出正交化結果的多個版本，所以您可以想見它與此處相關。主要重點在：

> 您可以將線性迴歸的每個係數，解讀為清除每個特徵在任何其他特徵中的效果**後**的淨效應。

這裡有一個典型情況，非常需要這種解釋：

$$x_1 \sim N(0, \sigma_1^2)$$
$$x_2 = \beta_0 + \beta_1 x_1 + \epsilon$$
$$y = \alpha_0 + \alpha_1 x_1 + \alpha_2 x_2 + \eta$$

在這種情況下，x_1 對結果 y 具有直接和間接的影響。一個範例可能是您的州或地理虛擬變數，它們通常具有直接和間接的影響，解讀 x_2 的係數時，如果可以說明因為已經控制了變數，所以這是排除任何州之間差異的淨效應，這樣會很好。

圖 10-2 顯示模擬之前資料產生過程的真實參數、OLS 估計，以及梯度提升迴歸（GBR）部分依賴圖（PDP）。由於 FWL，可知 OLS 將正確捕捉淨效應；GBR 對 x_2 的效果很好，但對於 x_1 就沒那麼好了。

要理解發生什麼事，可以回想一下 PDP 的計算方式：固定一個特徵為樣本平均值、為您關心的特徵建立一個網格，並預測。當您固定 x_2 時，x_1 顯示出直接和間接效應的組合，而演算法不知道如何將它們區分開來。這只是加強了 OLS 對於可解讀性是優越的類似訊息，但需要付出相當多的努力，才能達到那種即使是相對開箱即用的 GBR，在非線性模型中也能達到的效能。

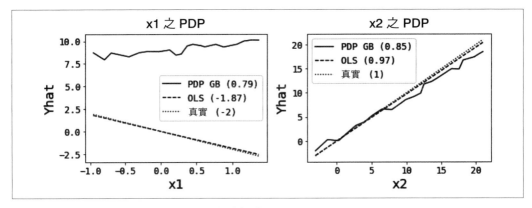

圖 10-2　具有直接和間接效應的 OLS 和梯度提升

干擾因子

既然已經描述 FWL 定理，我想回到干擾因子的問題（圖 10-1）。假設一個干擾因子（w）影響兩個本來無關的變數：

$$
\begin{aligned}
x &= \alpha_x + \beta_x w + \epsilon_x \\
y &= \alpha_y + \beta_y w + \epsilon_y \\
\epsilon_x &\perp\!\!\!\perp \epsilon_y \\
\epsilon_x, \epsilon_y &\perp\!\!\!\perp w
\end{aligned}
$$

其中符號 $\perp\!\!\!\perp$ 表示統計獨立。使用在 y 對 x 進行迴歸時的斜率係數的共變異數公式，可以明顯看出為什麼 OLS 會顯示虛假的結果：

$$
\frac{Cov(y, x)}{Var(x)} = \frac{\beta_x \beta_y Var(w)}{\beta_x^2 Var(w) + Var(\epsilon_x)}
$$

如果先清除這個共同因子呢？這正是 FWL 告訴您線性迴歸所做的事，因此可以安全地執行以下形式的迴歸：

$$y = \alpha_0 + \alpha_1 x_1 + \alpha_2 w + \epsilon$$

透過也包含共同因子 w，OLS 將有效地部分排除其效應。圖 10-3 的左圖顯示估計雙變數和虛假迴歸（spurious regression）的結果，右圖是當您也像前述方程式一樣，包含第三因子時的部分排除效應版本。我還包含了 95% 的信賴區間。

在不控制干擾因子的情況下，您將得出 x 和 y 確實存在相關性的結論（信賴區間不為 0），但一旦控制了 w，這就成為唯一相關的（統計顯著）因素。

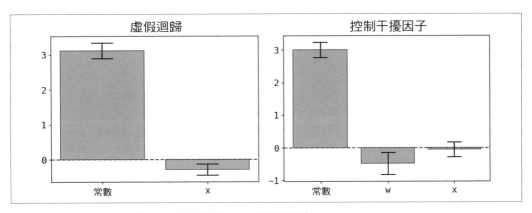

圖 10-3　FWL 和控制干擾因子（估計值和 95% 信賴區間）

這個結果在許多應用中非常有用。在時間序列分析中，例如，具有趨勢穩定性（*trend-stationary*：*https://oreil.ly/ewcVV*）的變數通常可以這樣建模：

$$y_{1t} = \alpha_1 + \beta_1 t + \epsilon_{1t}$$
$$y_{2t} = \alpha_2 + \beta_2 t + \epsilon_{2t}$$

由於 FWL，您已經知道為什麼這些會稱為趨勢穩定性：一旦控制時間趨勢（上面的 t），從而把它從這種效應中清除，最後就能得到一個平穩的時間序列[2]。

2　在高層次上，時間序列在其機率分布不隨時間而變時是穩定的。弱穩定性只涉及前兩個矩（moment），而強穩定性要求聯合分布是恆定的。對於趨勢變數來說，平均值會變化，因此它不能是穩定的；除非它是趨勢穩定的。

假設對其中一個進行迴歸：

$$y_{2t} = \theta_0 + \theta_1 y_{1t} + \zeta_t$$

由於沒有控制共同趨勢，最後將錯誤地得出它們之間存在相關性的結論。圖 10-4 顯示了兩個趨勢穩定 AR（1）過程模擬的迴歸結果，這兩個過程在設計上並不相關[3]。該圖顯示第二個變數（y2）的估計截距（常數）和斜率，以及 95% 的信賴區間。

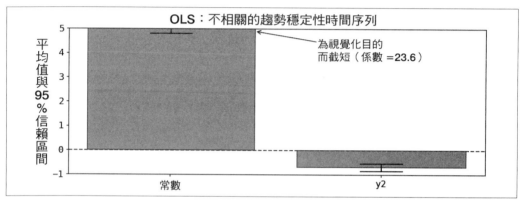

圖 10-4　OLS 對虛假時間序列迴歸的影響

 在時間序列中出現虛假相關性相當普遍，因為它們往往表現出時間趨勢。由於它可能充當干擾因子，因此建議要一直把線性時間趨勢作為控制變數包括在內。這樣，才可以清理掉由於潛在干擾因子引起的任何雜訊。

額外的變數

第 9 章描述省略變數偏差，顯示排除了應該要包括的變數會導致 OLS 估計的偏差，從而降低預測效能；重要的是，這對其他機器學習演算法也能成立。

如果不是省略重要變數，而是包括多餘的無關特徵，會發生什麼情況呢？ OLS 一個很好的特性是，包含無資訊的特徵並不會導入偏差，只會影響估計值的變異數。圖 10-5 說明來自蒙地卡羅模擬的每個估計參數平均值，和 90% 的信賴區間，其中：

3　*AR（1）* 表示一個一階自迴歸過程。

- 只有一個特徵是有資訊性的（x_1，真實係數 $\alpha_1 = 3$）。

- 在訓練模型時，包括了其他 4 個無資訊性控制項。

- 訓練兩個模型：OLS 和開箱即用的梯度提升迴歸。

這兩種演算法在這兩個方面都表現正確：它們能夠正確估計真實參數，並拋棄無資訊性的變數。

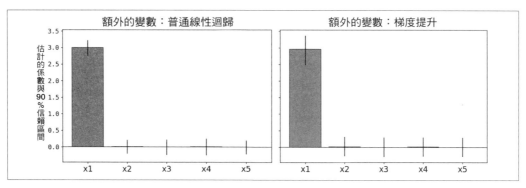

圖 10-5　包含無資訊性控制項的效果

然而，使用集成學習演算法時要小心，因為當包含無資訊性的特徵時，如果這些特徵與真實的底層變數高度相關，這些演算法往往會變得非常敏感，虛擬變數陷阱（*dummy variable trap*）中就常常可以看到這一點。典型的情況發生在具有虛擬變數的模型，例如以下：

$$y = \alpha_0 + \alpha_1 x + \alpha_2 D_l + \epsilon$$

$$D_l = \begin{cases} 1 & \text{如果顧客是左撇子} \\ 0 & \text{如果顧客是右撇子} \end{cases}$$

在 OLS 中，當您包括一個截距，和所有可用類別的虛擬變數時，就會出現虛擬變數陷阱。在這個範例中，只能包括一個左撇子或一個右撇子的虛擬變數，而不能同時包括兩者，因為外積（cross-product）矩陣 $X'X$ 沒有反矩陣，因此 OLS 估計不存在[4]。解決方案是永遠省略參考類別（*reference category*）的虛擬變數，在這個範例中就是右撇子類別。

4　請記住，OLS 估計器是 $(X'X)^{-1}X'Y$。

這種計算上的限制在像隨機森林或梯度提升迴歸等集成演算法中並不存在,但由於 D_l 和 $D_r = 1 - D_l$ 等虛擬變數會完全相關,因此通常會發現它們在特徵重要性方面都排名很高。由於它們提供完全相同的資訊,同時包括兩者並不會提高演算法的效能。這是在理解 OLS 後,會自然產生的實在且直觀事實。

避免虛擬變數陷阱

在 OLS 中,當您在一個類別型變數中包括一個截距和所有類別的虛擬變數時,就會出現虛擬變數陷阱;在這種情況下,估計器不存在。

如果使用集成學習,則不會有這種計算上的限制,但這些多餘的特徵並不會提供額外的資訊或預測效能。

機器學習中變異數的中心角色

機器學習中的一個核心原則是,您需要在特徵和輸出中存在著變化,以使您的演算法能夠識別參數,或者換句話說,能夠學習相關性。您可以直接在本章一開始介紹的共變異數公式中看到這一點:如果 x 或 y 是常數,共變異數為 0,因此 OLS 無法學習參數。此外,如果 x 是常數,分母會為 0,因此參數不存在,這與虛擬變數陷阱密切相關。

如果想要解釋輸出的變化,則輸入也必須有變化,這對於任何機器學習演算法都是成立的。

您可能還記得在 OLS 中,係數和共變異數矩陣的估計值為:

$$\hat{\beta} = (X'X)^{-1}X'Y$$
$$\text{Var}(\hat{\beta}) = s^2(X'X)^{-1}$$

其中 s^2 是殘差變異數的樣本估計,而 $X_{N \times P}$ 是特徵矩陣,包括與截距相對應,全由 1 構成的向量。

從這些方程式中可以得出兩個結果:

識別的條件

特徵之間不能存在完全相關，即完美多重共線性（multicollinearity），使得外積矩陣 $(X'X)$ 是正定的（positive definite），即滿秩（full rank）或可反的（invertible）。

估計值的變異數

特徵之間的相關性越高，估計值的變異數越大。

雖然第一部分應該很簡單，但第二部分需要算一些數學，以展示多元迴歸的一般情況。在這一章的儲存庫（*https://oreil.ly/dshp-repo*）中，包括一個模擬，以驗證多元迴歸的這種情況。對於簡單的雙變數迴歸，很容易顯示估計值的變異數與特徵的樣本變異數之間呈負相關（*negatively related*），因此具有更多變異性的共變量（covariate）會提供更多資訊，從而提高估計值的精確度[5]。

圖 10-6 繪製的是，在模擬一個雙變數線性 DGP 的情況下，對 OLS 和梯度提升迴歸估計值的平均值和 95% 信賴區間，其中 $\text{Var}(x_1)$ 在一個網格上增加。正如討論的那樣，對於 OLS，估計值的變異數會隨著共變量顯示更多變異而減少。值得注意的是，對於梯度提升迴歸也是如此。

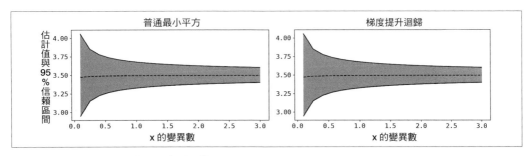

圖 10-6　OLS 與 GBR 估計值之變異數

對資料科學家來說，這樣的原則在實務中很常發揮作用。想像一下，您正在執行以下迴歸：

$$y_i = \alpha + \sum_s \theta_s D_{is} + \gamma \bar{z}_{s(i)} + \epsilon_i$$

$$D_{is} = \begin{cases} 1 & \text{如果顧客 } i \text{ 住在 } s \text{ 州} \\ 0 & \text{其他情況} \end{cases}$$

$$\bar{z}_{s(i)} = \text{給定 } i \text{ 所居住的州時 } z \text{ 的州樣本平均}$$

5　在雙變數設定下，$\text{Var}(\beta_1) = \text{Var}(殘差)/\text{Var}(x)$。

如果 y 表示每位顧客的銷售額，而 z 表示家庭收入，此模型表示銷售額會隨著州（虛擬變數）不同而變化，並且還存在一個獨立效應，也就是以每個州的平均家庭收入作為代理的話，更富裕的州購買力也更高。

儘管您的直覺可能是正確的，但您將無法使用 OLS 訓練此模型，因為它存在完美的多重共線性。換句話說，州虛擬變數和您能想到的任何度量的州平均值，會提供完全相同的資訊。對於任何機器學習演算法來說都是如此！

虛擬變數與群組層級的聚合資料

如果您包含虛擬變數以控制群組層級的變異，就無須再加入同一層級任何其他特徵的聚合資料：這兩者提供的變異會完全相同。

例如，如果您包含了州的虛擬變數，但又想同時加入每個州的平均家庭花費和房價中位數等特徵，儘管它們聽起來可能非常不同，但實際上它們提供的是完全相同的資訊。

為了檢查這一點，我使用剛才介紹的資料產生過程模擬一個簡單的模型，其中包含 3 個從多項分布（multinomial distribution）抽取的州，因此，為避免虛擬變數陷阱，這裡使用兩個虛擬變數；相關程式碼可在儲存庫找到（*https://oreil.ly/dshp-repo*）。範例 10-3 顯示特徵矩陣確實是低秩的，意味著存在完美的多重共線性。

範例 *10-3* 州虛擬變數：刪除州平均值的影響

```
# 展示 X 不是完整的行秩（因此，將不可逆轉）
print(f'Columns of X = {Xdf.columns.values}')
rank_x = LA.matrix_rank(Xdf)
nvars = Xdf.shape[1]
print(f'X: Rank = {rank_x}, total columns = {nvars}')
# 如果刪除平均值會發生什麼事？
X_nm = Xdf[[col for col in Xdf.columns if col != 'mean_z']]
rank_xnm = LA.matrix_rank(X_nm)
nvars_nm = X_nm.shape[1]
print(f'X_[-meanz]: Rank = {rank_xnm}, total columns = {nvars_nm}')

Columns of X = ['x0' 'x1' 'D1' 'D2' 'mean_z']
X: Rank = 4, total columns = 5
X_[-meanz]: Rank = 4, total columns = 4
```

為了確認這對更一般的非線性演算法也是有效的，我執行了這個相同模型的蒙地卡羅（MC）模擬，使用梯度提升迴歸以訓練（無超參數優化），並計算了在完整特徵集和刪除冗餘平均值特徵後的測試樣本均方誤差（MSE）。圖 10-7 顯示了 MSE 的平均值以及 90% 信賴區間。您可以驗證如果額外的變數不提供其他資訊，則預測效能幾乎相同。

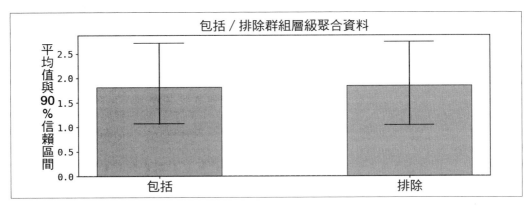

圖 10-7　梯度提升的 MC 模擬結果

詐欺偵測的應用案例

想知道這種直覺的威力，可以來看一個高風險應用案例。如果目標是建立一個詐欺偵測的機器學習模型，應該包括哪些特徵呢？這裡有一種可能的情境，適用於一般常見的情況。

由於詐欺者不希望遭人識破，所以他們會試圖看起來像正常的消費者。然而，他們通常不知道度量的分布，而您真的知道。假設您有某個度量 x，比如交易金額或單筆交易額。一種可以將其轉換以幫助演算法偵測異常值的作法是建立一個比率，即特徵相對於某個基準，比如 95% 分位數的比率：

$$x_{norm} = \frac{x}{x_{q95}}$$

透過這種轉換，每當 x 高於所選分位數時，它將大於 1，我們希望演算法能偵測到一些顯示出詐欺的模式。

目前為止，您可能還對這種邏輯感到懷疑，因為正規化的特徵與原始特徵具有完全相同的資訊。在程式碼儲存庫（*https://oreil.ly/ dshp-repo*）中，您可以找到這種使用案例的 MC 模擬，並驗證其正確性。

主要重點

本章重點可總結如下：

為什麼要學習線性迴歸？

瞭解線性迴歸，能有效幫助建立一些對其他非線性演算法，如隨機森林或提升技術更普遍適用的重要直覺。

相關性不等於因果關係。

一般來說，機器學習演算法只提供有關特徵和結果相關性的資訊。在線性迴歸中，結果是明確的，因此這應該成為思考其他學習演算法時的基準。

Frisch-Waugh-Lovell 定理。

這是線性迴歸中的一個重要結果，指出估計值可以解讀為控制其他共變量後的淨效應。

FWL 和干擾因子。

使用 FWL，可以將干擾因子包含在特徵集中以控制它。時間序列分析中的常見範例是，始終在模型中控制一個確定性趨勢。這對結果和特徵顯示出某種趨勢而獲得虛假結果時，可說是一種預防性保障。

不相關的變數。

在線性迴歸中，包含沒有資訊的控制變數很安全。如果這些變數與有資訊的特徵足夠相關，集成學習演算法對無關的變數可能比較敏感。您不會讓您的估計值產生偏差，但這可能使您得出某個變數具有預測能力的這種結論，而實際上它並沒有。

虛擬變數陷阱。

在線性迴歸中，永遠將一個截距或常數項包含在內是一個好習慣。如果包含虛擬變數，一定要排除一個用作解釋的參考或基準類別，例如，如果包含一個女性虛擬變數，則為了解讀，會把男性類別作為參考。

集成學習中的虛擬變數陷阱。

在隨機森林或梯度提升機中，包含所有類別的虛擬變數勢在必得。但是您也從中得不到任何東西：這些變數提供的資訊不會改善模型的預測效能。

變異數對機器學習來說至關重要。

如果您的特徵缺乏足夠的變異數，您的演算法將無法學習底層的資料產生過程，這點不管是線性迴歸，還是一般機器學習演算法都一樣。

深入閱讀

大多數統計學、機器學習和計量經濟學的教科書都會提到線性迴歸。Trevor Hastie 等人的《The Elements of Statistical Learning: Data Mining, Inference, and Prediction》（Springer）第 2 版有相當完整的處理。該書討論透過逐步正交化的方法而進行的迴歸，這一結果與 FWL 定理密切相關。

Joshua Angrist 和 Jörn-Steffen Pischke 的《Mostly Harmless Econometrics: An Empiricist's Companion》（Princeton University Press）第 3 章，深入討論線性迴歸的基本原理，以及本章節所呈現的共變異數公式推導。如果您想加強對迴歸的直覺，這本書是很好的選擇。

FWL 定理可見於大多數的計量經濟學教科書，可以查閱 William Greene 的《Econometric Analysis》（Pearson）第 8 版。

資料洩漏

〈Leakage in Data Mining: Formulation, Detection, and Avoidance〉（Shachar Kaufman 等人，2012）將資料洩漏識別為資料科學十大常見問題之一。根據我的經驗，它絕對是更為嚴重的問題：如果您已經訓練過夠多現實模型，很難完全沒遇過這個情形。

本章將專注於討論資料洩漏、一些症狀以及應對方法。

什麼是資料洩漏？

顧名思義，資料洩漏（*data leakage*）是指在部署模型進入生產環境時，用於訓練模型的某些資料在那時因不可用，從而導致之後的預測效能不佳。這通常發生在以下情況：

- 模型使用了在預測階段不可用的資料或元資料。
- 模型與您想預測的結果相關聯。
- 模型建立了不切實際的高測試樣本預測效能。

最後一點能解釋為什麼資料洩漏對資料科學家來說，是如此的令人擔憂和沮喪：當您訓練模型時，如果沒有任何資料和模型漂移，您期望在將模型部署到生產環境時，在真實世界的預測效能將和測試樣本相同；資料一旦洩漏，這種事就不會發生，您或著您的利益相關者和公司，將面臨無法想像的失望。

以下透過幾個範例，讓這個定義更為清晰。

結果也是一個特徵

這個範例微不足道，但可做為更現實範例的基準。如果訓練以下模型：

$$y = f(y)$$

您會在訓練階段獲得完美的效能，但不用說，在生產環境中部署模型時將無法預測，因為根據定義，結果在預測時是不可用的。

結果的函數本身也是特徵

更現實的範例是其中一個特徵是結果的函數時。假設您想預測下個月的收入，並且使用第 2 章中描述的 $P \times Q$ 分解，將單價（收入／銷售）作為一個特徵包含在內。很多時候，單價的計算會在上游進行，因此您最終只是使用了包含價格的表格，而不是真正知道產生它們的計算過程。

資料治理的重要性

特徵本身就是結果的情況凸顯了資料科學，尤其是機器學習領域的資料治理（data governance）重要性。在任何以資料為基礎的公司中，擁有良好紀錄的流程、完整的資料來源追蹤和變數定義，都是至關重要的資產。

雖然資料治理對組織來說可能很昂貴，但從早期開始推行資料治理，所獲得的回報將非常值得。

不良控制變數

正如第 10 章所述，包括您認為可能有助於控制變異性來源的特徵是件好事，即使您對底層因果機制並沒有強假設（strong hypothesis）。一般情況下這是正確的，除非您包括了不良控制變數（bad control），而這些變數本身會受到特徵的影響。

以這些資料產生過程（DGP）為例：

$$y_t = f(\mathbf{x}_{t-1}) + \epsilon_t$$
$$z_t = g(y_t) + \zeta_t$$

您可能認為在訓練一個用來預測 y 的模型時，控制 z 有助於清除一些影響。但可惜的是，由於在預測時 z 將不可用，並且與 y 相關，您最後只會得到一個非常明顯的資料洩漏範例。

請注意，這裡的洩漏既來自使用了在預測時不可用的資訊，也來自包括不良控制變數。如果 z 在時間上展現足夠的自相關性（autocorrelation），即使您能控制其滯後值（z_{t-1}），預測效能仍然會過高。

時間戳記的錯誤標記

假設您想要測量給定月分的月度活躍使用者數。產生所需度量的典型查詢如下所示：

```
SELECT DATE_TRUNC('month', purchase_ts) AS month_p,
    COUNT(DISTINCT customer_id) AS mau
FROM my_fact_table
GROUP BY 1
ORDER BY 1;
```

在這裡，您有效地使用了月初的時間戳記來標記這些顧客，對於許多情況來說可能有其意義的。也或許，您可以使用月底的時間戳記來標記它們，這對於不同的使用案例來說也可能是合適的。

重要的是，如果您錯誤地認為度量是在時間戳記所建議的時間之前測量的，則標記選擇可能會產生資料洩漏，因此您實際上是在用未來資訊預測過去。這是實務上經常遇到的問題。

使用不精確時間聚合的多個資料集

假設您想使用以下模型預測顧客流失：

$$機率(殘差_t) = f(\Delta 銷售_{t-1}^t, 產品數量_t)$$

這裡有兩個假設：

- 在上一期減少銷售的顧客更有可能流失（他們實際上正在表明他們的參與減少了）。
- 不太可能流失與公司建立起較深層關係的顧客，衡量方式是他們目前使用的其他產品數量。

導致洩漏的一種可能原因是第二個特徵包含未來資訊，因此可以理所當然地認為下個月仍然使用某種產品的顧客不可能已經流失。這可能是因為您最終使用類似以下的程式碼查詢資料：

```
WITH sales AS (
-- 使用時間視窗 1 的每個顧客、銷售和銷售變化資訊的子查詢
  ),
prods AS (
  -- 使用時間視窗 2 的每個顧客產品數量的子查詢
  )
SELECT sales.*, prods.*
FROM sales
LEFT JOIN prods ON sales.customer_id = prods.customer_id
AND sales.month = prods.month
```

問題出在資料科學家在每個子查詢中過濾日期時不夠精確。

其他資訊的洩漏

之前範例皆涉及資料洩漏，無論是來自特徵還是結果本身。在定義中，我還允許元資料的洩漏，下一個範例將有效說明它的含義。在許多機器學習應用中，通常會透過標準化來轉換資料，如下所示：

$$y_{std} = \frac{y - 平均值(y)}{標準差(y)}$$

假設您使用包括測試樣本的完整資料集瞬時（moment）資訊，標準化訓練樣本。有時候，這些洩漏的瞬時資訊會提供在生產中不可用的額外資訊，本章稍後就有一個這樣的範例，以展示這種類型的洩漏。

偵測資料洩漏

如果您的模型具有過於優越的預測效能，就應該懷疑發生資料洩漏了。不久前，本團隊的一位資料科學家展示一個分類模型的結果，其曲線下面積（area under the curve, AUC）為 1！您可能還記得，AUC 會介於 0 和 1 之間，若 AUC = 1 時表示有完美的預測；保守推測，這樣顯然很可疑。

這些完美預測的極端情況相當罕見。在分類設定中，只要 AUC > 0.8 時都會讓我起疑心，但您不應將其視為不變的定律，只是就我的職業生涯遇到的各種問題來說，這是我認為有用且讓人大開眼界的個人經驗法則 [1]。在迴歸設定中，很難提出類似的經驗法則，因為最常見的效能度量：均方誤差，有個 0 的下限，但它確實取決於您結果的尺度 [2]。

最後，偵測洩漏的最佳方法是比較生產模型的實際效能與測試樣本的效能，如果後者明顯更好，且已排除模型或資料漂移，就應該尋找資料洩漏的來源。

利用您和組織對眼下建模問題的知識，來判斷優越預測效能的可疑水平。很多時候，只有在將模型投入生產，並相對於測試樣本表現不佳時，才會偵測到資料洩漏。

為了展示資料洩漏的改善效能，我對先前描述的兩個範例執行蒙地卡羅（MC）模擬。圖 11-1 顯示包含不良控制變數的影響：以使用和不使用資料洩漏來訓練模型，該圖顯示了 MC 模擬中的平均值和 90% 信賴區間。帶有洩漏的均方誤差（MSE）約為不包含不良控制變數時的 1/4。使用儲存庫中的程式碼（*https://oreil.ly/hi693*）可以檢查出來，當不良控制變數與結果無關時，就不存在資料洩漏，而模型會具有相同的效能。您還可以調整自相關程度，以檢查即使滯後的（lagged）不良控制變數也可能造成洩漏。

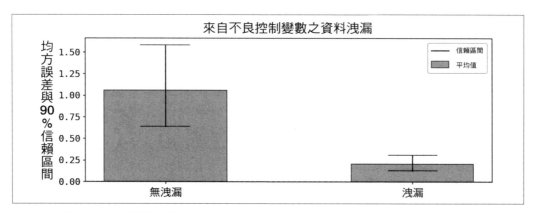

圖 11-1　帶有不良控制變數的資料洩漏

1　同時，請記住 AUC 對於不平衡的結果會較敏感，因此先說好，我的經驗法則必須語帶保留。
2　另一個選擇是使用受限於單元區間內的判定係數（coefficient of determination）或 *R2*。

在第二個範例中，我將展示不當標準化和洩漏時刻對效能的影響。圖 11-2 呈現使用以下資料產生過程（DGP）的 MC 模擬均方誤差平均值，以及 90% 信賴區間：[3]

$$x_t \sim \text{ 具有趨勢的} AR(1)$$

$$y_t = f(x_t) + \epsilon_t$$

我使用樣本的前半部分以訓練，並使用後半部分來測試模型。對於洩漏情況，我使用完整資料集的平均值和標準差，以標準化特徵和結果；對於無洩漏情況，我使用訓練和測試的所有相應樣本瞬時。與之前一樣，資料洩漏以人為改善效能將相當明顯。

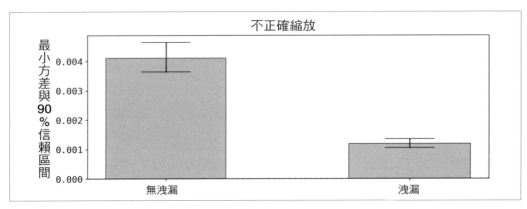

圖 11-2　由於不正確縮放導致的資料洩漏（MSE）

這種洩漏問題背後的邏輯為何？我決定加入時間趨勢，以便完整資料集的平均值和標準差，在訓練時通知演算法結果和特徵因正在增加，而提供在模型部署時無法獲得的額外資訊。沒有趨勢成分，也就無洩漏可言，可以在儲存庫中的程式碼檢查看看（*https://oreil.ly/hi693*）。

完全分離

在繼續之前，我想討論完全（*complete*）或準完全分離（*quasi-complete separation*）主題。在分類模型中，由於這種現象，您的 AUC 可能非常高，而這可能會，也可能不會表明資料洩漏。

3　*AR*(1) 過程是一個具有一階自迴歸分量的時間序列，可見第 10 章以獲取更多資訊。

完全分離出現在考量羅吉斯迴歸的線性分類背景下，當特徵的線性組合完美預測結果 y 時。在這種情況下，最小損失函數，很多時候是負的對數似然（log likelihood）函數並不存在。這通常發生在資料集很小、使用不平衡的資料、或使用連續型變數和閾值建立分類結果，並將該變數包括為特徵的情況下，而最後一種情形就有資料洩漏。

準完全分離發生在特徵的線性組合完美預測觀測值的子集合時。這種情況更加普遍，可能發生在包括一個或多個虛擬變數的情況，而這些虛擬變數組合在一起，建立了一個具有完美預測的觀測值子集合。在這種情況下，您可能需要檢查是否存在資料洩漏。例如，有的業務規則可能規定，只有居住在特定州，且擁有最低保有期（minimum tenure）的顧客，才能提供交叉銷售。如果您包含保有期和州的虛擬變數，就可能有準完全分離和資料洩漏的情況發生。

準完全分離的真實慘痛經驗

數年前，本團隊的一名資料科學家展示一個旨在提高公司交叉銷售活動效率分類模型的結果。預測效能並不算特別高，但有鑑於他選擇的特徵，我發現它高得非常不合理。

當我要求他打開這個黑箱時，發現在預測效能方面排名第一的變數，是一個州的虛擬變數，對於這個使用案例來說根本沒有意義，因為這個產品並沒有特別針對哪一州的顧客。在與銷售團隊討論結果之後，我們很快意識到，過去的交叉銷售活動季度只針對該州顧客進行，事實上，銷售團隊在不同地理區域上輪流舉辦這些活動，以避免競爭對手識別。由於資料科學家包含過去兩個季度的資料，該州的虛擬變數就形成了準完全分離。

許多人不願將這視為資料洩漏，因為州的虛擬變數在之後預測時也可用，他們認為這比較像是模型漂移（model drift）的情況，因為 DGP 的一部分似乎會隨時間變化。但我還是認為，這是排除州的虛擬變數就能輕鬆避免的元資料洩漏，因為 DGP 實際上並未發生變化。（在顧客收到報價的前提下，會接受或拒絕該報價的基本原因素相同，但要有收到這個報價的前提啊！）

如第 9 章所述，以下將透過使用潛在變數方法來模擬這樣的情況，資料產生過程如下：

$$x_1, x_2 \sim N(0, 1)$$
$$z = \alpha_0 + \alpha_1 x_1 + \alpha_2 x_2 + \epsilon$$
$$y = \mathbf{1}_{z \geq 0}$$
$$x_{3i} = \begin{cases} 1 & \text{對從 } \{j: y_j = 1\} \text{ 中以機率 } p \text{ 隨機選出的} i \\ 0 & \text{其他} \end{cases}$$

其中，$\mathbf{1}_{z \geq 0}$ 是一個指示（indicator）變數，當下標條件適用時，它的值為 1，否則為 0。

這個想法很簡單：真實的資料產生過程是一個具有兩個共變量的二項潛在變數模型，但我從具有 $y_i = 1$ 的觀察值中隨機且不重複選擇，來建立用於訓練時的第三個特徵，這樣就可以模擬不同程度的分離，包括完全分離和沒有分離的情況，分別為 $p = 1$ 和 $p = 0$。和往常一樣，我訓練一個羅吉斯迴歸和一個梯度提升分類器（GBC），且沒有進行元參數的優化。

我執行一次 MC 模擬，圖 11-3 顯示在所有實驗中測試樣本 AUC 的中位數提升，並將一切都與沒有分離的情況進行基準比較。可以看到，分離使 AUC 相對於基線提高了 10% 到 15%，這會依據我是使用羅吉斯迴歸還是 GBC 而定。

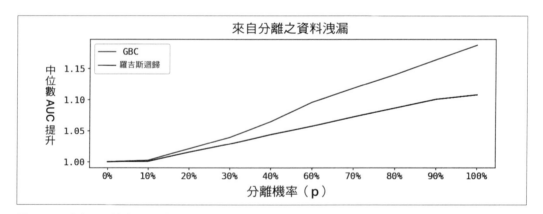

圖 11-3　準完全分離之 AUC 提升

從這可知，在分類設定中分離會增加 AUC，這可能指出存在著需要進一步檢查的資料洩露。

視窗方法學

所謂的視窗方法學（windowing methodology），能有助於減少模型中資料洩露的可能性。如前所述，資料洩露可能因各種原因而發生，因此這種方法絕不是能防範所有風險的決定性法則。儘管如此，它仍然有助於約束訓練模型的過程，並能減少一些最明顯的洩露風險。

一開始，可以將學習過程分為兩個階段：

訓練階段

這是訓練模型的階段，通常會將樣本分為訓練和測試等部分以進行。

評分階段

一旦訓練了模型並在生產環境中部署，就可以使用它來對樣本評分。它可以是一次性預測，例如線上評分，也可以是即時評分，或針對較大樣本的評分。

這件事很容易忘記，但在機器學習（ML）中，評分階段是至高無上的。它非常重要，以至於我將在第 12 章重點討論一些必要的屬性和流程，需要設定這些屬性和流程，以確保該階段處於最佳狀態。就目前而言，只需記住這個階段是創造最大價值之處，應該要成為您的北極星，因此理應擁有至高無上的地位。

 在 ML 中，評分階段扮演主導角色，其他一切都應該設定來最大化此階段預測的品質和及時性。

圖 11-4 顯示視窗方法的工作方式。起點是評分階段（最底部的時間軸）。假設您希望在時間 t_p 預測，此時間段用於將整件事分為兩個視窗：

預測視窗

通常，您會對預測與事件相關的事件或隨機變數感到興趣。為此，您需要為該事件的發生設定一個預測視窗 $(t_p, t_p + P]$。例如，您想預測接下來的 30 天內是否會流失某個顧客；或者，您希望預測公司在第一季的收入；又或者，您可能希望預測一位顧客在閱讀完一本書或觀看電影後的兩週內，是否會給出評價。

觀察視窗

一旦為要評估的預測制定時間範圍，您需要定義要包括進來以形成預測的歷史資訊 $[t_p - O, t_p]$。這個名稱來自於評分時觀察到的資訊，不會有其他條件。

請注意，預測視窗的左側是故意開放的：這有助於防止資料洩漏，因為它能明確區分您在預測時所觀察到的資訊。

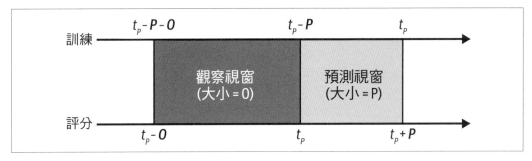

圖 11-4　視窗方法學

可以再透過一個範例來確保有清晰的概念。我想訓練一個能夠預測每個顧客在下個月流失可能性的模型，由於評分階段居主導地位，假設我今天（t_p）想對所有活躍使用者評分，根據定義，預測視窗會從明天開始，並在明天之後一個月結束。在那時，我必須能夠評估任何顧客是否流失。為了預測，我將使用過去三個月的資訊，因此這是我的觀察視窗。任何特徵的轉換都會限制在這個時間範圍內，例如，我可能認為最近一段時間很重要，所以可以計算四週前的每週互動次數與上週次數之間的比率，如果比率大於 1，代表這個月的參與度增加了。

選擇視窗的長度

您可能想知道選擇觀察視窗和預測視窗長度的方法，以及要考慮的因素。表 11-1 總結在選擇兩個視窗長度時的一些主要考量點。

表 11-1　選擇視窗長度時的考量點

	預測（P）	觀察（O）
擁有者	業務—資料科學家	資料科學家
預測效能	短期與長期預測的可行性	很久以前的相對權重
資料	您可以使用的歷史資料	您可以使用的歷史資料

觀察視窗的長度由資料科學家選擇，主要基於模型的預測效能。例如，前不久的情形會更具預測性嗎？預測視窗的選擇，主要是出於有關決策及時性的業務考慮因素而，因此應該由業務利益相關者為主要擁有者。

能夠認知到較長的預測視窗一般風險較小也是個關鍵，因為較難犯錯，例如，預測人工智慧在未來的 1000 年與未來兩年內是否存在的比較。但對於目前資料的細分度來說，過短的時間範圍也有可能不可行，例如，只有每天的資料時，難以預測顧客在接下來的 10 分鐘內是否會流失。

最後，預測視窗的長度會影響觀察視窗的持續時間。如果財務長（CFO）要求我預測未來 5 年的收入，我不是使用短的觀察視窗和動態預測，且預測的特徵是連續性；就是使用夠長的觀察視窗來大膽預測。

訓練階段與評分階段相互對應

一旦在評分階段定義了這些視窗，就可以來準備設定和定義訓練階段。正如您可能從圖 11-4 中猜到的那樣，訓練階段怎樣都要能反映稍後評分階段發生的情況：訓練階段的觀察視窗和預測視窗，會與評分階段的觀察視窗和預測視窗一對一對應，因此受其限制。

例如，通常您可能希望使用可以獲得的最新資料來訓練模型。由於您需要 P 個時間段來評估您的預測，和 O 個時間段來建立您的特徵，這意味著需要將 $[t_p - P - O, t_p - P]$ 設為訓練觀察視窗，並將 $(t_p - P, t_p]$ 設為訓練預測視窗。

正式定義這些視窗有助於約束和規範您希望使用模型達成的目標。一方面，它能確保只使用歷史資料來預測未來，從而防止常見的洩漏問題，以下方程式中可以直接地看到這一點：

$$\text{評分}: y_{\left(t_p, t_p + P\right)} = f\left(X_{\left[t_p - O, t_p\right]}\right)$$

$$\text{訓練}: y_{\left(t_p - P, t_p\right)} = f\left(X_{\left[t_p - P - O, t_p - P\right]}\right)$$

實作視窗方法論

一旦定義好之後，就可以使用類似以下的程式碼片段，在程式碼中執行這些約束：

```
import datetime
from dateutil.relativedelta import relativedelta

def query_data(len_obs: int, len_pre: int):
    """
    用來約束時間視窗選擇的資料查詢函數。
    需要連接至公司的資料庫
```

```
    引數：
        len_obs (int)：以月為單元的觀察視窗長度 (O)。
        len_pre (int)：以月為單元的預測視窗長度 (P)。

    傳回值：
        df：具有訓練模型資料的 Pandas DataFrame。
    """
    # 設定時間變數
    today = datetime.datetime.today()
    base_time = today - relativedelta(months = len_pre)  # t_p - P
    init_time = base_time - relativedelta(months = len_obs)
    end_time = base_time + relativedelta(months = len_pre)

    init_str = init_time.strftime('%Y-%m-%d')
    base_str = base_time.strftime('%Y-%m-%d')
    end_str = end_time.strftime('%Y-%m-%d')

    # 列以檢查一切合理
    print(f'Observation window (O={len_obs}): [{init_str}, {base_str})')
    print(f'Prediction window (P={len_pre}): [{base_str}, {end_str}]')
    # 建立詢問句
    my_query = f"""
      SELECT
          SUM(CASE WHEN date >= '{init_str}' AND date < '{base_str}'
          THEN x_metric ELSE 0 END) AS my_feature,
          SUM(CASE WHEN date >= '{base_str}' AND date <= '{end_str}'
          THEN y_metric ELSE 0 END) AS my_outcome
      FROM my_table
    """
    print(my_query)
    # 連接到資料庫並帶入資料
    # 由於方法不存在故會丟出錯誤
    df = connect_to_database(my_query, conn_parameters)
    return df
```

總體而言，視窗方法論會幫助您強制達成一個最低要求，也就是您只能使用過去來預測未來。其他可能導致資料洩漏的原因仍可能存在。

我有洩漏問題：現在該怎麼辦？

一旦您偵測到洩漏的來源，解決方案就是將其移除並重新訓練您的模型。在某些情況下，這可以輕易達成；但也有些情況可能需要大量的時間和努力。以下是您可以嘗試識別洩漏來源的一些建議事項：

檢查時間視窗

確保始終使用過去的資訊來預測未來。這可透過實施嚴格的時間視窗處理程序來達成，如前所述。

檢查進行的任何資料轉換，並執行最佳實務

一個好方法，是使用 scikit-learn pipeline（*https://oreil.ly/iOEs1*）等這類辦法，以確保轉換使用的是正確的資料集，而且沒有資料洩漏的瞬時或元資料。

確保深入瞭解建立資料的背後業務流程

您對建立資料的流程越瞭解，越容易識別潛在的洩漏，或在分類模型中出現的準完全分離來源。

迭代式地刪除特徵

定期檢查以識別最具預測性的特徵，在某些演算法中，可以使用特徵重要性（*https://oreil.ly/uW6PY*）操作，瞭解業務能有助於您識別是否出現異常情況，還可以嘗試迭代地刪除最重要的特徵，以查看預測效能在任何迭代中是否發生劇變。

主要重點

本章重點可總結如下：

為何關心資料洩漏？

資料洩漏會導致模型部署到生產環境時的預測效能，不如預期的測試樣本效能，這對組織不利，甚至可能減少利益相關者的支持。

識別洩漏。

洩漏的典型症狀是在測試樣本上具有異常高的預測效能。您必須發揮對問題的熟悉度以及公司對這些模型的經驗，向更有經驗的資料科學家出示結果，並與業務利益相關者討論，永遠都是一個不錯的辦法。如果懷疑有資料洩漏問題，則必須開始審核模型。

懷疑存在資料洩漏時應檢查的事項。

檢查是否實施嚴格的時間視窗處理流程，以確保一直都使用過去以預測未來，而非相反。同樣的，檢查是否有可能洩漏瞬時或元資料的任何資料轉換。

在機器學習中，評分占主導地位。

機器學習模型的試金石是其在生產環境中的表現，您應該將所有時間和精力都投入到確保這一點上。

深入閱讀

就我所知，大多數已發表的書籍中對資料洩漏都沒有太深入的描述，很多只是輕輕帶過而已。可以在網路上找到一些有用的部落格文章，例如，Christopher Hefele 在 2013 對 ICML 鯨魚挑戰賽（Whale Challenge）資料洩漏的評論（*https://oreil.ly/j7B4l*），或 Prerna Singh 的文章〈Data Leakage in Machine Learning: How It Can Be Detected and Minimize the Risk〉（*https://oreil.ly/G92H-*）。

Kaufman 等人的〈Leakage in Data Mining: Formulation, Detection, and Avoidance〉（ACM Transactions on Knowledge Discovery from Data 6 no. 4, 2012），對於想要瞭解資料洩漏的人來說更是必讀之作。他們將資料洩漏分為來自特徵的類型，和來自訓練樣本的類型。不過，我認為這不是絕對的分類。

在完全和準完全分離問題上，經典的參考文獻是 A. Albert 和 J. A. Anderson 的〈On the Existence of Maximum Likelihood Estimates in Logistic Regression Models〉（Biometrika 71 no. 1, 1984）。Russell Davison 和 James MacKinnon 的《Econometric Theory and Methods》（Oxford University Press）第 11 章，也可以找到教科書式的介紹。

不良控制的問題在因果推論和因果機器學習的文獻中眾所周知。據我所知，這個詞彙最早是由 Angrist 和 Pischke 在《Mostly Harmless Econometrics》（Princeton University Press）中首次提出。一個更近期且系統性的研究，可見 Carlos Cinelli 等人的〈A Crash Course in Good and Bad Controls〉（Sociological Methods and Research, 2022）。在這一章中，我對不良控制的定義使用的是相對寬鬆的版本。

## 第十二章

將模型投入生產

正如第 11 章中所討論的，在機器學習（ML）中，評分階段占了主導地位，因為它是創造所有價值的部分。這一點如此重要，以至於新的專職人員如 ML 工程師和 MLOps，都需要處理這一切相關的繁瑣事務。然而，許多公司仍然缺乏專職人員，這項工作最後就成為資料科學家要負責的內容。

這一章提供針對資料科學家的生產就緒模型全局觀點，本章最後也會提供一些參考資料，深入探討這個相對較新的主題。

什麼是「生產就緒」？

Chip Huyen 的書《設計機器學習系統｜迭代開發生產環境就緒的 ML 程式》（Designing Machine Learning Systems: An Iterative Process for Production-Ready Applications, O'Reilly）指出，將機器學習生產化（*productionize*）或達成營運化（*operationalize*）的過程，包括「部署、監控和維護」（模型）。因此，一個生產化模型的工作定義是已經部署、監控和維護。

更直接的定義是，一個模型在為最終使用者，無論是人還是系統準備耗用時，它就是生產就緒（*production ready*）的。透過「耗用」，我指的是利用預測分數，這可以是離線或線上進行，並且可以由人類或由另一個系統或服務執行（圖 12-1）。

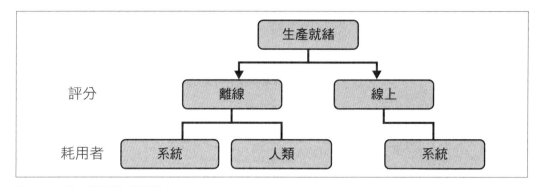

圖 12-1　生產就緒模型的類別

批次分數（離線）

通常情況下，批次評分（*batch scoring*）意味著在給定一組行或特徵時，根據表格中的一組列，無論是顧客、使用者、產品還是任何其他實體來建立預測。這些分數會儲存在表格中，以便日後使用。

當以下情況時，批次評分非常常見：

- 最新資訊並不會大大提高預測效能。

- 不必使用最新資訊做出決策。

- 沒有工程、基礎設施或人才，可以部署模型以供即時使用。

例如，您想預測下個月的顧客流失，在最後一分鐘內獲取他們互動的細節，應該無法大幅提高預測品質，這就讓批次評分成為生產化模型的一種合適方法。

表 12-1 是將這些分數儲存在表格中的範例。請注意，表格的細分度是 `customer_id x timestamp`，這樣才能有效儲存跨顧客的所有預測歷史。

表 12-1　帶有批次分數的表格範例

顧客 ID	分數	時間戳記
1	0.72	*2022-10-01*
1	0.79	*2022-11-01*
2	0.28	*2022-10-01*
2	0.22	*2022-11-01*
…	…	…

這種設計對於人類的使用可能效果很好,因為可以使用分析資料庫上的簡單 SQL 查詢來檢索資料;而且,如果將其作為資料模型,比如資料倉儲的一部分,還可以用來建立可能需要的更複雜查詢,圖 12-2 就是這一點的簡化範例。它顯示了兩個事實表(fact table:*https://oreil.ly/k05Co*),一個包含來自特定 ML 模型的分數,另一個包含業務,例如說銷售的分數,以及幾個維度表(dimension table:*https://oreil.ly/5e3uH*),事實和維度表之間的連結表示,可以使用主鍵或次要鍵將這些表連接(join)起來。將評分層設計為資料倉儲的一部分可以促使其耗用,因為它能因此輕鬆連接和篩選。

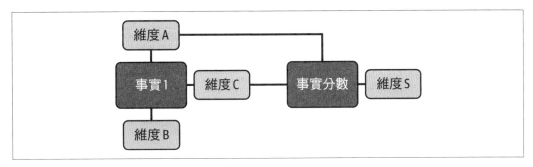

圖 12-2　您的 ML 分數作為資料倉儲的一部分

當延遲非主要考慮因素時,最後這種的設計在系統或服務耗用時也可以發揮作用。典型的使用案例是當分數觸發了應與顧客通訊時,例如,留客或交叉銷售,流程將首先查詢資料庫、可能會過濾最新的前幾個分數、然後將這些顧客 ID 發送到通訊應用程式,以發送電子郵件或簡訊(圖 12-3)。

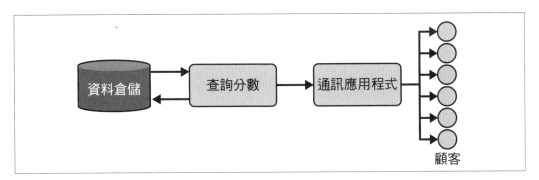

圖 12-3　用於系統耗用分數的生產線

即時模型物件

即時（real-time）模型通常不會做為表格儲存，而是做為可以在新資料到達時線上耗用的序列化物件。圖 12-4 說明這個過程的運作方式：您的模型存在於一個模型儲存區（model store）中，這可以是一個 S3 儲存桶，也可以是一個更專門的工具，比如 MLflow（https://mlflow.org）或 AWS SageMaker（https://oreil.ly/yzExy）。

重點是，另一個服務耗用可以這些物件，該服務將為特定範例，比如單一顧客或一筆交易使用最新資料，來建立單一預測分數。如圖所示，一個範例的特徵向量通常包括即時和批次資料；重要的是，該向量必須完全匹配您在訓練模型時使用的資料。

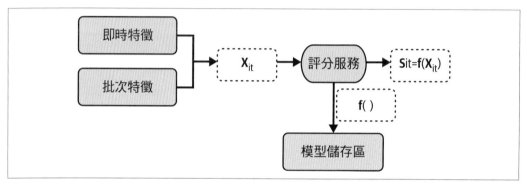

圖 12-4　線上評分的範例

從這個圖表中，您已經可以看到在線上評分中出現的複雜性：

資料架構

您的資料模型應該允許查詢即時和批次資料，因此您可能遲早會需要類似 lambda 或 kappa（https://oreil.ly/BTYlN）架構的東西。

功能即服務（Function as a Service, FaaS）

您的設計還應該能夠動態耗用資料和模型物件，這通常會透過雲端計算提供商的 FaaS 和微服務架構達成。一旦建立分數，很可能會由另一個服務所耗用，該服務可能會根據分數和業務規則做出決策。

資料和模型漂移

思考 ML 的一種方式是，您正在嘗試在給定一些資料的情況下，學習一個結果的資料產生過程（DGP）。當這件事正確進行時，您就可以從類似的資料做出預測：

真實 DGP：$y = f(W)$

學習 DGP：$\{y, X\}_t \Longrightarrow \hat{f}()$

第一個方程式表示連接結果變數和一組真實底層共變數（W）的真實 DGP，第二個方程式顯示使用特定時間點可用的資料，來學習此 DGP 的過程，其中包括結果（y）和特徵（X）。請注意，特徵集不一定與真實的底層共變數一致。

由於評分至上，當您做出預測時，真的應該注重預測的品質。模型的效能可能因兩個主要原因而隨時間變化：資料漂移或模型漂移。資料的聯合分布隨時間變化時，就會出現資料漂移（*data drift*）；底層 DGP 發生變化時，就會出現模型漂移（*model drift*）。如果您不定期重新訓練模型，資料或模型漂移將導致預測效能下降。因此，應該確保生產流水線中已包含適當監控，以及定期重新訓練。

許多人一開始很難理解模型漂移，所以讓我用兩個範例來解釋這個概念。假設您想嘗試一個類似伽利略的斜塔實驗（*https://oreil.ly/k0Apk*），您會從選定的高度釋放一個靜止的網球，目標是測量它撞到地面所需的時間。您蒐集高度和時間 $\{x_t, t\}$ 的測量值，並如下估計線性迴歸：

$$x_t = \alpha_0 + \alpha_1 t + \alpha_2 t^2 + \epsilon$$

真實的 DGP 由物理定律決定，具體取決於地球表面引力，因此在地球或火星等地實施實驗時會有所不同[1]。

另一個更接近業務的範例與趨勢和網紅（influencer）有關，但我在這裡舉的是簡單的例子，某顧客 i 購買您產品的機率，取決於其價格和其他因素：

機率$\big($購買$_i$ = True$\big)$ = $g_i\big(p,$ 因素$\big)$

---

[1] 請回想一下恆定速度和加速度 $x = x_0 + v_0 t + \frac{g}{2}t^2$，其中，$g$ 是地球的表面引力。而在火星上（*https://oreil.ly/LmYrT*），重力的力量約為地球的 38%。

這是顧客 i 的 DGP，雖然不確定但我敢說，如果韓國「防彈少年團」的柾國（Jungkook：*https://oreil.ly/oFkaY*）突然在社群媒體上推廣，這一切可能就會發生變化。具體來說，我認定會喜歡韓國流行音樂，並關注他的那個顧客區段中，顧客的價格敏感性較低，舊的 DGP $g(i)$ 則漂移到類似 $\tilde{g}(i)$。

模型漂移的警世故事：Zillow Offers

2021 年，房地產市場平台 Zillow 在眾所周知的一個案例中損失超過 5 億美元，這是最著名的模型漂移案例之一。要理解發生什麼事之前，先想像一下，您擁有一個對房地產價格有良好預測的模型，就可以在其預測價格將上漲時購買房產，並在價差上賺取利潤，也就是低價購入，高價出售。

ZillowOffers 就是一個有這樣企圖心的產品。簡而言之，一開始它表現得很好，因此公司擴大使用這個產品，但一段時間後，模型開始漂移且預測不再準確，公司最終只能將手上擁有的房產賠本出售。如果 Zillow 有監控並重新訓練其模型，可能它有機會學習新的資料產生過程（DGP），並再次做出正確購屋決策。

任何生產流水線中的基本步驟

圖 12-5 顯示大多數機器學習流水線至少應該包含的必須步驟。遵循第 11 章的建議，我為評分和訓練階段分別設定了任務，但它們共享多個階段，我還使用了較淺的灰色，來表示儲存用於監控目的的元資料階段。現在我將更詳細地描述每個階段。

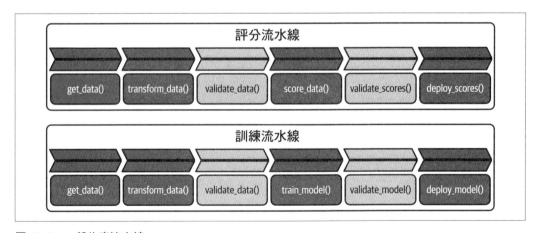

圖 12-5　一般生產流水線

取得和轉換資料

正如名稱所示，get_data() 階段會建立連接並查詢資料來源；有了原始資料，transform_data() 步驟會對表的某些或所有行，施行預定義的記憶體內（in-memory）轉換。通常第一個方法（get_data()）可能基於 SQL，而後者（transform_data()）可以使用 Python 或 Spark 執行。

雖然我分開這兩個階段，但根據問題的性質，將它們合併成一個唯一階段可能比較明智。讓我們考慮建立這種模組化分離的利弊。

儘管模組化通常是一種良好的實務，因為可以更清晰且更迅速地除錯，也有更好的資料和模型治理，但它可能會帶來計算成本或限制，最好將兩個運算都推送（push）到查詢引擎中，以解決此問題。這尤其是因為查詢引擎通常會優化和配置資源，以處理大資料集，讓您最後可能只有較少的資源，來轉換實際上所需資料的一小部分。

另一方面，SQL 非常適用於查詢表格化的資料，但它可能無法提供足夠的靈活性，來建立那些使用 Python 或 Spark 會更容易達成的複雜轉換。

此外，分離可以建立完全專注且獨立的轉換階段。這很重要，因為特徵工程在開發高效能的機器學習模型中扮演關鍵性角色，因此，模組化允許更徹底地記錄和審查模型的主要轉換。

最後，將每個階段拆分為獨立的模組，會非常適合更迅速的程式碼審查，從而達成較短的部署週期。

 如果您在進行一些轉換時受限於記憶體，但查詢引擎卻可以執行一些高記憶體計算，可以試著將一些或所有轉換推送到查詢階段。

您可能合理地懷疑這些階段會由訓練和評分流水線所共享，這解釋了我為何決定使用類似函數的表達法。如果您使用視窗方法學，例如第 11 章中描述的方法，get_data() 方法可以輕鬆地參數化，以查詢給定時間視窗的資料。

在訓練流水線的 transform_data() 階段輸出，是訓練模型所需的最終陣列；對於監督式學習（supervised learning）而言，可能會如下：

    transform_data(get_data(Data)) ⇒ y, X

對評分資料而言，它將只是特徵 X 的陣列。

驗證資料

這是每個流水線的第一個監控階段，用於儲存元資料並警告出現資料漂移。此階段可再分為兩個子階段：

1. 計算並儲存統計資訊。計算有關輸出和特徵分布的一組預定義統計資訊，並儲存在一個表格中。

2. 測試資料漂移。根據剛剛儲存的目前和歷史統計資訊，執行測試以查看更改是純粹雜訊還是訊號。輸出應不應該發出警報。

表 12-2 顯示一個儲存公司所有模型的分布元資料表格範例。此表可用於儲存所有模型的結果和特徵的十分位數，也可用於訓練和得分階段，因此只需應用過濾器，即可輕鬆用於報告、測試和監控。

表 12-2　具有十分位數的表格範例

模型	階段	度量	十分位	值	時間戳記
churn	training	outcome	d1	100	2022-10-01
…	…	outcome	…	…	…
…	…	outcome	d10	1850	2022-10-01
churn	training	feature1	d1	-0.5	2022-10-01
…	…	feature1	…	…	…
…	…	feature1	d10	1.9	2022-10-01
…	…	…	…	…	…

在此範例中，我選擇儲存資料集中每個變數的十分位數，因為這些可以從相應的分布中捕獲相當多資訊。

對於測試，有許多替代方案。如果您有足夠的歷史資料，並希望遵循傳統的假設測試路線，可以對每個度量和十分位數（$d_{(m,t)}$）執行迴歸，如下所示：

$$d_{m,t} = \alpha_m + \beta_m t + \epsilon_{m,t}$$

其中 t 作為一個特徵，表示時間趨勢：如果 β_m 的 p 值低於所需的閾值（10%、5%、1%），則可以拒絕參數為 0 的虛無（null）假設，因此您有度量 m 漂移的證據。

或者，您可以使用與第 9 章中使用的類似非參數測試，其中計算了歷史分布中的上、下分位數，並檢查新觀察值是否位於該信賴區間內；例如，計算 95% 信賴區間，可以計算 $q_{2.5\%}$，$q_{97.5\%}$。

有些人更喜歡執行 Kolmogorov-Smirnov（*https://oreil.ly/4j73f*）測試，因此您可能需要儲存一組不同的元資料，但邏輯是相同的。

無論您決定使用什麼，我的建議是要保持簡單。通常，您只需要一個繪製此元資料的儀表板，這樣您就可以在發生更改時設定簡單的警報。

當您將模型投入生產時，通常情況下，簡單就是最好的選擇。

訓練和得分階段

一旦您的訓練資料準備好，就可以繼續正式的訓練過程，通常會執行以下操作：

1. 將樣本劃分為訓練、測試和驗證子樣本。

2. 優化元參數並最小化損失函數。

`train_model()` 階段的輸出是一個可用於預測的模型物件：

    train_model(transform_data(get_data(Data))) ⇒ $f()$

同樣的，`score_data()` 方法使用一些特徵 X 來建立預測或分數：

    score_data(transform_data(get_data(Data)), f()) ⇒ $\hat{s}$

如前所述，此分數可以儲存在表中以供離線使用，也可以傳遞給另一個服務以供線上使用。

驗證模型和分數

在繼續之前，最好的做法是再次儲存一些元資料，以幫助建立有關模型或資料漂移的警報。在此階段，我喜歡在 `validate_data()` 中建立相同的元資料，但只傳遞測試樣本分數：`validate_model()`，或實際分數：`validate_scores()`。如果您遵循這條路線，實際上是重複使用先前的方法，只需在階段和流水線之間傳遞不同的資料集；其他所有事情都已處理好了，例如更新元資料表和發送警報。

請注意，對於線上使用，您需要蒐集足夠的驗證資料，但邏輯基本相同。

部署模型和分數

正如名稱所示，這些階段的目標是儲存模型和分數。對於訓練流水線，您將不得不序列化模型物件，並使用某種持久性儲存區，例如磁盤、S3 儲存桶等儲存它。採用良好的命名（*https://oreil.ly/r8tzX*）和版本化（*https://semver.org*）慣例，將有助於對模型編製目錄。

模型序列化（model serialization）是一個重要且技術性的主題，我會在本章最後提供更多參考資料。

分數的部署取決於採取離線還是線上方式耗用。在離線評分中，您只需將分數寫入表中，以便耗用；但線上評分，不只要讓其他服務也可以耗用該分數，而且還要將它儲存在表中。

主要重點

本章重點可總結如下：

評分至上。將模型投入生產應該是首要關注事項，因為只有具有生產力的模型，才能為組織創造價值。

什麼是生產就緒？

    模型在可供耗用時才具有生產力。由於模型大多數情況下會耗用於不同時間，因此必須建立一個流程，以確保模型具有持久的預測效能。

模型和資料漂移。

    當您結果的資料產生過程發生變化時，就會發生模型漂移。資料漂移指的是結果或特徵的分布發生變化，如果不處理，資料和模型漂移將導致模型的預測效能隨時間下降。避免漂移的最佳方法，是以循環方式重新訓練模型。

生產流水線。

    為生產流水線設定一個最小結構很適合。在這裡，我建議擁有模組化，和獨立的訓練及評分流水線，而讓它們共享一些方法或階段。重點在於，應該包括會建立並儲存元資料的階段，這樣模型或資料漂移時，它就會提醒您。

讓一切簡單。

　　將模型部署到生產環境是一系列複雜的步驟，因此建議讓每個步驟都盡可能保持簡單。不必要的複雜性可能最終會累積，這樣問題出現時會很難找到根源，而這是一定會發生的事。

深入閱讀

由業界專家 Chip Huyen 編寫的《設計機器學習系統｜迭代開發生產環境就緒的 ML 程式》（Designing Machine Learning Systems: An Iterative Process for Production-Ready Applications, O'Reilly）非常精采，提供本章中省略的許多關鍵技術細節，強烈推薦。

Valliappa Lakshmanan 等人的著作：《機器學習設計模式》（Machine Learning Design Patterns: Solutions to Common Challenges in Data Preparation, Model Building, and MLOps, O'Reilly）相當有用。它的目標是綜合一套可以在各個領域使用的 ML 設計實務，由於此書由 3 名 Google 工程師編寫，可想而知該書範例大量依賴於 Google 的基礎設施，因此很多時候要將其轉化到其他雲端服務提供商的作法並不是那麼清楚；但如果能夠忽略這點小困擾，您會發現這本書讀起來很棒，又提供許多資源。

Kurtis Pykes 的部落格文章〈5 Different Ways to Save Your Machine Learning Model〉（*https://oreil.ly/2Lsuq*），討論了序列化 ML 模型的各種方法。

Lu 等人的論文〈Learning under Concept Drift: A Review〉（2020 年 4 月檢索自 arXiv，*https://oreil.ly/3dRLZ*），全面性回顧概念漂移（*concept drift*），這有時會視為包括資料漂移和模型漂移。

有關 Zillow Offers 模型漂移案例，可以閱讀 Jon Swartz 於 2021 年 11 月發表的 MarketWatch 文章〈Zillow to Stop Flipping Homes for Good as It Stands to Lose More Than $550 Million, Will Lay Off a Quarter of Staff〉（*https://oreil.ly/J-lWA*），或閱讀 Anupam Datta 的〈The Dangers of AI Model Drift: Lessons to Be Learned from the Case of Zillow Offers〉（*https://oreil.ly/NMo5A*）（The AI Journal，2021 年 12 月）。

## 第十三章

機器學習講的故事

在第 7 章，我主張資料科學家都應該更會講故事，這在一般情況不用多說，而就機器學習（ML）方面來講，這點更是尤為重要。

本章將帶您深入瞭解機器學習中講故事的主要層面，從特徵工程開始，一直到可解讀性問題的處理。

講故事在機器學習中的整體觀點

講故事在機器學習中扮演著兩個相關但不同的角色，可見圖 13-1。較為人熟知的是推銷員的角色，在這種情況下，您需要與受眾互動，可能是為了獲得或持續擁有利益相關者的支持，這個過程通常發生在您開發完模型之後。較不為人所知的是科學家的角色，在這種情況下，您需要找到在開發模型的整個過程，都能引導您的假設。

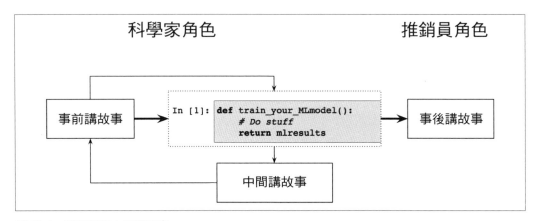

圖 13-1　機器學習中的講故事

由於前者是在您開發完模型後進行的，我將其稱為事後（*ex post*）講故事；您的科學家角色主要是在訓練模型的過程中，即事前（ex ante）和中間（interim）。

事前和中間的講故事

事前講故事有 4 個主要步驟：定義問題、建立假設、進行特徵工程和模型訓練（圖 13-2）。儘管通常會按照這個方向前進，但彼此之間存在回饋迴路，因此訓練第一個模型之後，再迭代特徵、建立假設，甚至重新定義問題等，本身都是很常見的。

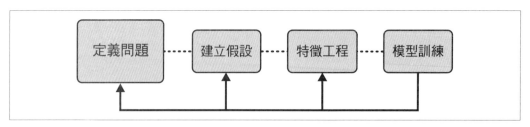

圖 13-2　事前講故事

第一步一定是定義問題：您想要預測什麼，以及為什麼要預測？這最好在開始時就與利益相關者合作完成，以確保您獲得他們的支持，因為許多有前途的機器學習專案，最後都因為這個原因而失敗。

回想一下第 12 章，模型只有在部署到生產環境後才能發揮其價值。部署到生產環境是一項昂貴的工作，不只在時間和精力方面，而且也呈現在您本可以投入到其他專案的機會成本方面。因此，要一直問自己：我真的需要為這個專案實作機器學習嗎？不要陷入只是因為它看起來很有魅力或有趣，而做機器學習的這種陷阱：您的目標永遠是創造最大價值，而機器學習只是工具包中的另一個工具。

最後，在定義問題時，不要忘記對以下問題有明確答案：

- 這個模型將如何使用？
- 可以使用模型預測來推動的槓桿有哪些？
- 這如何提高公司的決策能力？

對這些問題有明確的答案，將有助於發展機器學習模型的業務案例，從而增加成功的可能性。

還有一項一般性建議，越早讓利益相關者參與定義問題越好。這有助於從一開始就獲得利益相關者的支持。還要確保機器學習是解決目前問題的適當工具；因為部署、監控和維護模型都很昂貴，因此應該有一個理想業務案例支撐。

建立假設

有了明確的問題定義，現在可以切換到科學家角色，開始為手頭的問題建立假設。每個假設都是有關預測驅動因素的故事；從這個具體的意義上來說，科學家也是講故事的人。成功的故事可以提高模型的預測效能。

在這一點上，關鍵問題是：我在預測什麼，是什麼推動了這個預測？圖 13-3 說明預測問題的類型，還有它們和您可利用的槓桿間關係的大格局概覽。如第 1 章所述，瞭解這些槓桿對於確保機器學習模型創造價值至關重要。

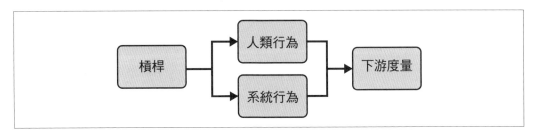

圖 13-3　槓桿 - 行為 - 度量流

從這裡可以得出，大多數預測問題都屬於以下類別之一：

源於人類行為的度量

很多時候，您關心的度量取決於您的顧客以某種特定方式行動。例如，我的使用者會點擊橫幅廣告嗎？他們會按參考價格購買產品嗎？他們下個月會流失嗎？他們在市集上會花多少時間？

源於系統行為的度量

度量還取決於您的系統效能。最著名的範例之一是資料中心的優化，特別是解決空氣冷卻問題（*https://oreil.ly/5guWh*）；另一個範例是預測網頁載入時間，已證實這會直接影響流失度量（*https://oreil.ly/xXtbS*）。

下游度量

很多時候，您只關心聚合的下游度量，比如收入，這對直接參與財務規劃和分析（financial planning and analysis, FP&A）的資料科學家來說最為普遍。

 很多資料科學家在建立和設計有預測性的特徵方面感到困難。大原則的建議是，一定要先寫下並與他人討論預測問題的一系列假設，然後再進行特徵工程。不要忘記寫下您認為某個假設可能是正確的原因，只有這樣的基礎，才能挑戰自己的邏輯，改進已有的敘述。

一些制定假設的大格局建議包括：

深入瞭解您的問題

建立出色的機器學習模型有一個不算祕密的方法，那就是擁有豐富的領域專業知識。

保持好奇心

這是使資料科學家之所以成為科學家的一個明確特點。

挑戰現狀

不要害怕挑戰現狀。這包括挑戰自己的假設，並在需要時迭代（請注意是否有出現偏見的跡象）。

話雖如此，以下會就如何進行假設發現和制定，進一步提供一些建議。

預測人類行為

說到預測人類行為，絕對要記住人們只做自己想做，和能夠做的事情。您可能想去義大利，但如果無論是金錢還是時間您負擔不起，您就不會去。當您想要預測人類行為時，個人偏好和資源可用性是首要關鍵，這在很大程度上有助於為您的問題制定假設。

思考動機也將迫使您對產品深思熟慮。例如，為什麼有人想要購買它？價值主張是什麼？哪些顧客願意為此付費？

另一個訣竅是，利用您與顧客的共鳴能力；問問自己如果您是他們，您會怎麼做？當然，您越能夠輕易地融入他們的角色越好；譬如對我來說，就很難想像自己是一位網紅或職業拳擊手。這個訣竅可以讓您走得更遠，但還是要記住，您可能不是典型的顧客，這就是我要說的下一個訣竅。

至少在開始時，請努力理解您的典型顧客，並為他們建模。您首先應該要正確地獲得一階效應（first-order effects），這意味著為典型分析單元建模將能帶來許多預測效能。我見過許多資料科學家在開始時，都是對角落或邊緣案例提出假設，這些案例在定義上對整體預測效能影響微乎其微。角落案例很有趣且重要，但說到預測，最好還是從典型案例開始。

預測系統行為

前述的這些意見也適用於預測系統。但主要區別在於，由於系統缺乏目的或知覺，因此您可以只關注對技術瓶頸的理解上。

顯然，您必須掌握系統的技術細節，而您對物理限制的瞭解越多，就越容易提出假設。

預測下游度量

下游度量（downstream metric）的預測可說比預測人類或系統行為產生的單一度量難，但也更容易。難是難在於該度量距離底層驅動因素越遠，您的假設就越薄弱且更分散。此外，它繼承了為這些驅動因素編寫故事的困難性，其中一些可能會合併，並創造更高層次的複雜性。

儘管如此，許多時候您可以提出一些簡略的假設，並利用時間和空間的相關性來建立一些特徵。在某種程度上，您會接受一件事，也就是您提出的任何故事，都將被時間序列和空間自迴歸模型中常見的簡單自迴歸結構所擊敗。

特徵工程

一般而言，特徵工程的過程包括將假設轉換為可測量的變數，而這些變數具有足夠的訊號來幫助您的演算法學習資料產生過程。最好將此過程分為幾個階段，如圖 13-4 所示。

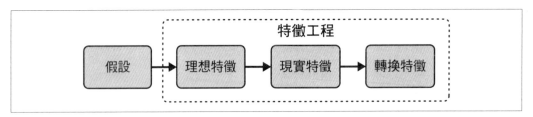

13-4　特徵工程流程

特徵工程的階段包括：

建立一組理想的特徵

> 第一步是將您的假設轉化為理想（*ideal*）特徵，如果能夠精確地測量一切的話。這一步很重要，因為它允許您為第二階段設定一個基準。

> 例如，意圖（*intentionality*）對早期流失的影響，後者指的是那些只試用產品一次就離開的顧客，有一說是這些顧客並不真的打算使用產品，因為他們只是試用、或者是受銷售行動影響（*https://oreil.ly/HDGj-*）、或者遇到銷售詐欺等等。如果您能夠直接問他們並獲得真實回答，那不是很好嗎？不幸的是，這是不切實際或無法達成的。

用現實特徵逼近理想特徵

> 如果您意識到理想特徵集不可用，就需要找到良好的代理特徵，即與理想特徵相關的特徵。很多時候，相關性的程度可能非常低，您需要接受，將那些與原始假設相關性非常薄弱的控制變數包括在內。

> 後者常見的範例是文化對個人偏好的影響，會因此影響購買產品的可能性。例如，可以用文化差異來解釋，為什麼不同國家的使用者會決定接受或拒絕瀏覽器中的

cookie，因某些國家的人可能會對共享資訊一事較為敏感。不用說，要測量文化很難。但是，如果您懷疑國家級的變化可以捕捉到文化假設的很大一部分變異，您所需要的就是把國家虛擬變數包含進來。這是一組相對薄弱的特徵，因為這些特徵將會代理此級別的任何特徵，而不只是文化，例如法規環境的差異。

轉換特徵

這是透過對特徵應用一組轉換，從而從中提取最大量訊號的過程。需要注意的是，我有點偏離文獻的討論，因為大多數關於特徵工程的教材只會提到這個階段。

這個階段涉及各種轉換，如縮放（scaling：*https://oreil.ly/Hak0v*）、二元化（binarizing）和一位有效編碼（one-hot encoding：*https://oreil.ly/ralbT*）、缺失值（missing value）的插補（*https://oreil.ly/MhGuK*）、特徵交互作用（feature interaction：*https://oreil.ly/bT-1q*）等。本章最後提供了一些參考文獻，可以查閱其中豐富的可用轉換方法。

重要的是，這些轉換取決於您的資料和您選擇的演算法。例如，對於分類和迴歸樹，您可能不需要自己處理異常值，因為演算法將為您完成。同樣，對於一般來說非線性的演算法，比如樹和基於樹的集成演算法，您不需要包括乘法性交互作用。

範例：預測銷售

假設您想要預測某一地理區域（*g*）的銷售，這種模型的典型用途是，當您想要將銷售團隊引導到模型所預測銷售潛力最高的地點時。

這裡使用第 2 章的一個技巧來讓故事更清楚：

$$銷售量_g = \text{TAM}_g \times \frac{銷售量_g}{\text{TAM}_g} = \text{TAM}_g \times 機率(g的單元銷售量)$$

這只是說在單元 *g* 的總銷售量，必須等於該地區的總可達市場（total addressable market, TAM），乘以該地區銷售機會的機率。

這樣子，我就不需要為每個位置的銷售量提出假設，而是可以專注於幫助預測 TAM 的故事，以及解釋公司之所以能達成銷售的緣由。後者涉及到人類行為，而前者是一個聚合度量。

為了模擬 TAM，我首先需要瞭解目標顧客在哪，然後找出他們為什麼在特定位置聚集的故事。例如，為了預測這本書的 TAM，我想要估計特定位置的資料科學家人數，一個合理的故事是，資料科學家會身處公司需要他們的地方。我可以進一步完善，認為公司的規模很重要，因為要有夠多的資料，才會需要資料科學家，而且也因為資料科學家相對昂貴，只有夠大的公司才能花這個錢。此外，行業組合也很重要，因為偏向資本密集型的行業，可能比偏向勞動密集型的行業擁有更多自動系統產生資料，又有可能是因為受到監管壓力、因為市場集中度不同等。最後，人口規模和年齡分布也很重要，因為這個領域相對較新，算年輕但不是太年輕的人，更願意投資於學習像資料科學這類艱難技術科目。這些假設指導我需要查找哪一類的資料，以解決這個預測問題。

要模擬銷售可能性，必須有人想要並且能夠負擔產品（需求），而且產品也必須要能在這些地點供給（供應）。用來模擬需求的理想特徵，包括消費者對產品的偏好以及家庭收入，偏好通常難以獲得，但可以用公司先前每個地點的銷售資料或線上搜尋行為來接近，例如 Google 趨勢或類似供應商提供的資料。供應端的資料會較容易獲得，因為我應該知道公司及其競爭對手，是否在不同地點設有業務單元。

事後講故事：打開黑箱

事後講故事（ex post storytelling）的問題主要是，理解您的模型做出這種預測的原因、哪些是最具預測性的特徵、以及這些特徵與預測的相關性。您想要向受眾傳達的兩個主要觀點是：

- 模型是增量式預測的，即預測誤差會低於基線替代方案。

- 模型是有道理的。一個良好的實務是開始討論假設、如何建模、以及如何與結果一致。

一般來說，如果能理解是什麼驅使模型做出預測，則該模型是可解讀的（*interpretable*）。局部（*local*）可解讀性的目標在於理解特定的預測，例如認為某個顧客很有可能信用違約的原因；全局（*global*）可解讀性旨在提供特徵如何影響結果的一般性理解，這個主題值得用一本書來介紹，但這一章只能深入探討更實際的問題，具體而言，我只會介紹達成全局可解讀性的方法，因為我發現這對講故事這個目的來說最有用。

在打開黑箱之前，請確保您的模型具有足夠的預測效能，並且沒有資料洩漏。您將需要投入足夠的時間和精力進行事後講故事，因此最好從一個良好的預測模型開始。

此外在呈現效能度量時，請嘗試使其盡可能貼近您的受眾。對於您的業務利益相關者來說，常見的度量，如均方根誤差（root mean square error, RMSE），或曲線下面積（area under the curve, AUC）可能很晦澀難懂，將它們轉化為具體的業務結果會更為有用。例如，如果您的 RMSE 降低了 5%，業務到底能得到什麼好處？

可解讀性和效能之間的取捨

理想的 ML 演算法一般認為既具有效能，又具有可解讀性。不幸的是，通常只能在可解讀性和預測效能之間取捨，因此如果要達成更低的預測誤差，則必須放棄理解某些演算法內部發生的事情，見圖 13-5。

在光譜的一側有線性模型，通常公認具有很高的可解讀性，但預測效能不佳。這個集合包括線性和羅吉斯迴歸，以及非線性學習演算法，如分類和迴歸樹。在光譜的另一側是更靈活、通常是高度非線性的模型，如深度神經網路、基於樹的集成和支撐向量機（support vector machine）。這些演算法通常稱為黑箱（black box）學習器，這裡的目標是打開黑箱，理解發生什麼事。

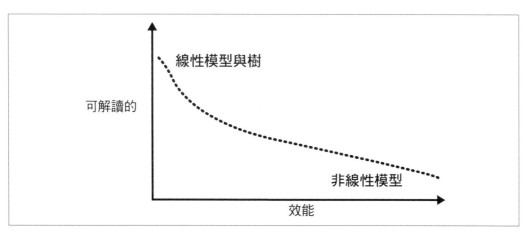

圖 13-5　可解讀性和效能的取捨

繼續之前，可能您還不清楚為何需要解讀結果，因此這裡先簡要討論您可能會想這樣做的原因：

採用和支持

很多人需要理解做出某種預測的原因，才能接受這樣是有效的，從而採用。這在那些不習慣機器學習方法的組織中最為常見，他們的決策通常是基於類資料驅動（quasi-data-driven）方法，涉及大量直覺。如果您能夠打開黑箱，使利益相關者更容易接受您的結果並贊助專案，對您來說可能會更輕鬆。

低實際預測效能

如第 11 章所述，打開黑箱是偵測和修正資料洩漏等問題的最有效方式之一。

倫理和法規要求

在某些行業，實際上會要求公司解釋做出某項預測的原因。例如，在美國（*https://oreil.ly/5zj9j*），平等機會法（Equal Opportunity Act）賦予任何人有要求解釋信用遭到拒絕之因的權利；歐洲的一般資料保護規則（General Data Protection Regulation, GDPR）也有類似標準。即使您沒有這方面的要求，您可能也希望透過打開黑箱，來驗證預測和後續決策是否符合最低的道德標準。

線性迴歸：設定基準

線性迴歸提供一個有用的基準，以瞭解可解讀性，可見第 10 章。考慮以下簡單模型：

$$y = \alpha_0 + \alpha_1 x_1 + \alpha_2 x_2 + \epsilon$$

對底層資料產生過程做出強烈的線性假設，可立即得到：

效果方向性

在控制所有其他特徵的情況下，每個係數的正負符號會告訴您該特徵與結果呈正相關或呈負相關。

效果大小

每個係數可解讀為在保持其他特徵不變的情況下，隨著每個特徵的一個單元變化結果的相關變化。重要的是，如果沒有進一步假設，不能給出因果解釋。

局部可解釋性

從前兩項中，您可以確定做出任何個別預測的原因。

有些資料科學家犯了一個錯誤，即將係數的絕對大小解釋為相對重要性。想瞭解這樣派不上用場的原因，可見以下模型，其中，收入的表示法，是銷售人員規模和付費行銷支出（搜尋引擎行銷（search engine marketing, SEM））的函數：

收入 ＝ 100 ＋ 1000 × 業務代表數量 ＋ 0.5 × SEM 花費

這表示平均而言，保持其他因素不變時，每增加：

- 一個業務代表與收入增加 1,000 美元相關。
- 一美元在 SEM 花費上，例如 Google、Bing 或 Facebook 廣告上的投標，與收入增加 50 美分相關。

您可能會傾向於得出這樣的結論：增加銷售團隊的規模才會增加您的收入，而不是增加付費行銷支出。不幸的是，這是一種不恰當的類比，因為每個特徵都以不同單元測量。將所有內容標準化以執行迴歸，是一種以相同單元測量所有內容的技巧：

$$y = \beta_0 + \beta_1 \tilde{x}_1 + \beta_2 \tilde{x}_2 + \eta$$

$$其中對於任何變數\ z\ 而言\ \tilde{z} = \frac{z - 平均值(z)}{標準差(z)}$$

請注意，已標準化變數上的迴歸係數，通常與原始模型中的迴歸係數不同，也因此使用不同希臘字母；所以會有不同的解釋方式：透過對所有特徵標準化，您可以以標準差為單元來測量所有內容，或以術語來說：無單元（unitless），確保正在比較的是蘋果與蘋果之間。然後，就可以說出這樣的話：x_1 比更重要 x_2，因為 x_1 的每個額外標準差，會比 x_2 的相應增加導致更多收入增加。

這裡的技巧是找到將原始單元轉換為共同單元的方法，如這種情況下的標準差。但是，任何其他共同單元也可能有效，例如，想像每增加一個業務，代表平均每月成本為 5,000 美元。由於行銷支出已經以美元計算，所以可以說平均而言，每增加 1 美元在：

- 業務代表方面，與收入增加 20 美分相關
- 付費行銷方面，與收入增加 50 美分相關

雖然最後這個方法也有效，但在用於找到所有特徵的共同單元時，標準化的方法更為常見。要記住的重點是，您現在能夠以某種有意義的方式，來對特徵排名。

圖 13-6 繪製一個模擬的線性模型估計係數，以及 95% 信賴區間，其中有兩個平均值為 0 的常態分布特徵（x_1、x_2），就像前面的方程式一樣。特徵 z_1、z_2、z_3 是與 x_2 相關的附加變數，但與結果無關。重點在於，我將真實參數設定為 $\alpha_1 = \alpha_2 = 1$，並且 $Var(x_1) = 1$，$Var(x_2) = 5$。這有兩個效果：

- 它增加第二個特徵的訊噪比，從而使其更具資訊性。

- 它增加真實係數[1]：$\beta_2 = \sqrt{5}\alpha_2$。

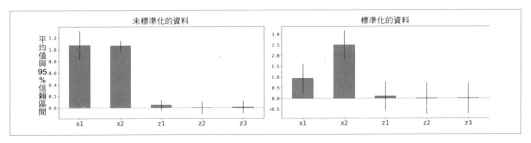

圖 13-6　在線性與標準化特徵上迴歸

透過標準化兩個特徵，值得注意的是第二個特徵在重要性方面排名較高，如前所述。由於信賴區間，您還可以得出最後三個特徵並不具資訊性的結論，在統計方法上的替代方法是使用正則化（*regularization*），例如 Lasso 迴歸。

特徵重要性

許多時候，您希望根據某種客觀重要性度量來對特徵排名，這用在事前和事後講故事目的很有用。從事後角度來看，您可以說出類似這樣的話：我們發現交易時間是詐騙的最重要預測因子，這可能有助於您銷售模型的結果，並且也可能為您和您的受眾帶來潛在的「啊哈！」時刻，如第 7 章所述。

從事前角度來看，透過某種方式按重要性對特徵排名，可以幫助您對假設或特徵工程迭代，或者提高您對問題的理解。如果您有經過深思熟慮的假設，但結果看起來可疑，有可能是在特徵工程方面出現程式設計錯誤，或者有資料洩露問題。

---

[1]　在線性迴歸中，將特徵 x 重新縮放為 kx，會將真實係數從 α 更改為 α/k，這點很容易證明。

稍早前，我在線性迴歸中使用了已標準化特徵，以獲得可能的重要性排名：

線性迴歸中的已標準化特徵重要性

　　如果對於特徵 x 增加一個標準差，比特徵 z 增加一個標準差對結果的絕對值變化更大，則特徵 x 比特徵 z 更重要。

或者，可以根據每個特徵對手當前預測問題的資訊內容量，來定義重要性。直觀地說，如果該特徵的資訊內容越高（對於給定結果），則包括該特徵會減少預測誤差。有兩種通常使用的度量：

基於不純度的特徵重要性

　　如果從選擇特徵 x 作為分裂變數（splitting variable）的節點中所獲得的預測誤差改善，相對大於選擇 z 的改善的話，則特徵 x 在節點不純度（impurity）角度上比特徵 z 更重要。

排列重要性

　　如果在對 x 的值排列（permutation）時，相對的效能損失大於 z，則從排列角度來看，特徵 x 比特徵 z 更重要。

請注意，基於不純度的特徵重要性（*https://oreil.ly/acJDH*）只適用於基於樹的機器學習演算法。每次使用特徵來分割節點時，都會儲存效能的改進，因此最終您可以計算所有特徵相對於總改進的份額。對於集成樹，總改進就是所有樹的平均值。

另一方面，排列重要性（permutation importance：*https://oreil.ly/84XXY*）適用於任何機器學習演算法，因為您只需對每個特徵的值洗牌；且是多次洗牌，就像在自助採樣程序中一樣，並計算效能損失。直覺上，實際順序對於重要特徵來說會更為重要，因此對值排列應該會導致更大的效能損失。

圖 13-7 顯示使用與之前相同的模擬資料集訓練的梯度提升迴歸（無超參數優化）排列，和基於不純度的特徵重要性，以及 95% 的信賴區間。排列重要性的信賴區間使用參數方法計算（假設常態分布），其中使用了 scikit-learn 所提供的平均值和標準差。我使用自助採樣為基於不純度的特徵獲取類似的區間，可參見第 9 章。

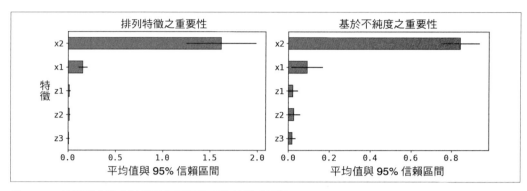

圖 13-7　使用梯度提升迴歸進行模擬模型的特徵重要性

熱圖

熱圖（heatmap）非常容易計算，通常在視覺上能夠清楚顯示每個特徵與預測結果之間的相關性，讓我們可以很方便的說出像當 x 增加時，y 會下降這樣的結論。許多假設都是有方向性的，因此能夠快速測試它是否成立在實務上非常有用。計算過程如下：

1. 將預測結果（迴歸）或機率（分類）分為十分位，或任何其他分位數。

2. 對於每個特徵 x_j 和十分位 d，計算該儲存桶中所有單元的平均值：$\bar{x}_{j,d}$。

這些值可以排成一個表格，其中的行為十分位，而列為特徵。通常最好使用某種重要性的度量來排序特徵，以便一開始就能關注最相關的特徵。

圖 13-8 顯示在先前的模擬範例上訓練的線性迴歸熱圖，其中特徵已經按重要性排序。透過檢查每個特徵（列）的相對陰影，就可以輕鬆識別任何模式或是缺乏模式。

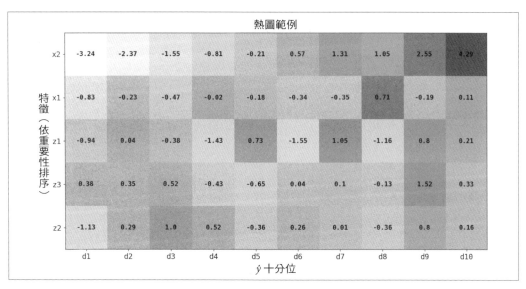

圖 13-8 先前模擬範例的特徵熱圖

例如，x_2 與結果呈正相關，一如預期，因為模擬中的真實係數等於 1。較低分位的單元平均下降 3.58 個單元，而較高分位則逐步上升到平均 4.23 個單元。

檢查 x_1 所在的列顯示熱圖存在的主要問題：它們只呈現雙變數相關性。真實相關性是正的（$\alpha_1 = 1$），但熱圖未能捕捉到這種單調性，要瞭解原因，請注意 x_1 和 x_2 呈負相關的，見圖 13-9。但是，第二個特徵的較大變異數給了它更多預測能力，因此在預測結果和十分位的最終排序中會占據更重要位置。這兩個事實破壞了第二個特徵預期應有的單調性。

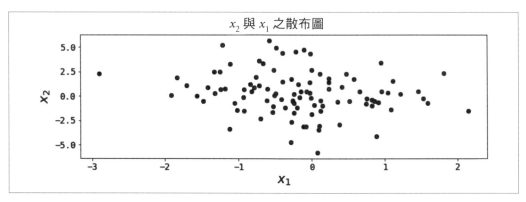

圖 13-9 x_2 和 x_1 呈負相關

部分依賴圖

使用部分依賴圖（Partial Dependence Plot, PDP），只需一次更改一個特徵，而固定住其他所有特徵，即可預測結果或機率。這非常吸引人，因為它與在線性迴歸中取偏微分所得的結果非常相似。

第 9 章曾使用以下方法來計算非常貼近這種直觀感覺的 PDP。首先，計算所有特徵的平均值，然後為要模擬的特徵建立大小為 G 的線性網格，再將所有內容組合成以下形式的矩陣：

$$\overline{\mathbf{X}}_j = \begin{pmatrix} \bar{x}_1 & \bar{x}_2 & \cdots & x_{0j} & \cdots & \bar{x}_K \\ \bar{x}_1 & \bar{x}_2 & \cdots & x_{1j} & \cdots & \bar{x}_K \\ \vdots & \vdots & \ddots & \vdots & & \vdots \\ \bar{x}_1 & \bar{x}_2 & \cdots & x_{Gj} & \cdots & \bar{x}_K \end{pmatrix}_{G \times K}$$

然後，使用此矩陣用您訓練的模型來預測：

$$\text{PDP}^{(1)}\left(x_j\right) = \hat{f}\left(\overline{\mathbf{X}}_j\right)$$

這種方法速度快而且直觀性的吸引人，還允許您快速模擬特徵之間的交互作用影響。但是，從統計角度來看，這實際上並不正確，因為函數的平均值，通常與評估輸入平均值的函數結果不同；除非您的模型是線性的。主要優點是對已經訓練好的模型來說，只需要一次評估。

正確的方法，也是 scikit-learn 用於計算 PDP 的方法（*https://oreil.ly/waddK*），對於網格中的每個值 g 來說需要，對已經訓練好的模型進行 N（樣本大小）次評估。然後將這些值平均以獲得：

$$\text{PDP}^{(2)}\left(x_j = g\right) = \frac{1}{N} \sum_{i=1}^{N} \hat{f}\left(x_{1,i}, \cdots, x_{j-1,i}, g, x_{j+1,i}, \cdots, x_{K,i}\right)$$

通常，這兩種方法會提供類似結果，但這實際上取決於特徵的分布和真實、未觀察到的資料產生過程。

在繼續之前，請注意在這最後的計算中，您必須為資料集中的每一列計算一個預測。使用個別條件期望（*individual conditional expectation, ICE*）圖，您可以在跨單元來視覺化地顯示這些效應，讓它成為局部可解讀性的一種方法，與 PDP 相反[2]。

以下模擬一個非線性模型，看看這兩種方法的實際效果，使用如下的資料產生過程：

$$y = x_1 + 2x_1^2 - 2x_1x_2 - x_2^2 + \epsilon$$
$$x_1 \sim Gamma(形狀 = 1, 縮放 = 1)$$
$$x_2 \sim N(0, 1)$$
$$\epsilon \sim N(0, 5)$$

我使用 Gamma 分布來產生第一個特徵，以突顯使用任一方法時，異常值可能產生的影響。

圖 13-10 顯示使用兩種方法估計的 PDP 和真實的 PDP。第一個特徵的 PDP 成功捕捉到真實關係的形狀，但兩種方法在較大的 x_1 值處開始分歧。這在預料之內，因為樣本平均值對異常值較敏感，因此使用第一種方法時，最後會使用一個具有相對較大的第一個特徵平均單元。使用第二種方法時，這個情況不會那麼明顯，因為會平均個別的預測值，而且在這個特定範例中，函數形式減緩了異常值的影響。

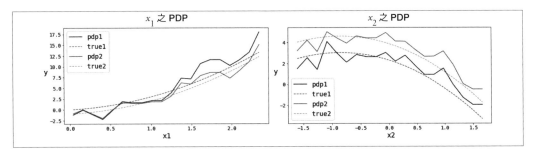

圖 13-10　在模擬資料上使用兩個方法的 PDP

儘管 PDP 很好用，但存在相關特徵時，它們會有偏差。例如，如果 x_1 和 x_2 正相關，它們將同時具有較小或較大的值。但使用 PDP 時，當相應的第二個特徵的值較大時，您可能會不切實際地強加給 x_1 一個來自網格的小值。

為了看到實際效果，我模擬了先前非線性模型的修改版本：

2　這個程式碼庫的實作提供了 ICE 和 PDP：*https://oreil.ly/dshp-repo*。

$$y = x_1 + 2x_1^2 - 2x_1x_2 - x_2^2 + \epsilon$$
$$x_1, x_2 \sim N(\mathbf{0}, \Sigma(\rho))$$
$$\epsilon \sim N(0, 5)$$

其中特徵抽取自多變量常態分布中，此分布具有由相關性參數來索引的共變異數矩陣。圖 13-11 繪製未相關（$\rho = 0$）和相關（$\rho = 0.9$）特徵的估計，與真實 PDP，您可以輕鬆驗證在特徵相關時 PDP 會存在偏差。

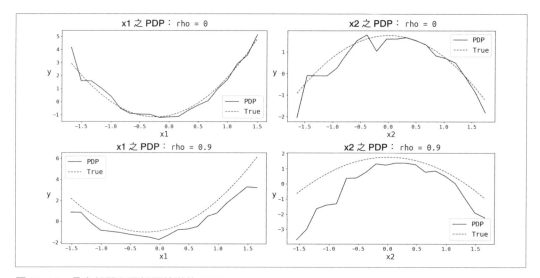

圖 13-11　具有相關和不相關特徵的 PDP

累積局部效應

累積局部效應（accumulated local effect, ALE）是一種相對較新的方法，能解決 PDP 在處理相關特徵時的缺陷，也更加節省計算資源，因為所需的模型函數評估次數比較少[3]。

正如前面討論的，PDP 的問題在於在給定某特徵與其餘特徵的相關性時，對它強加了不現實的值，而最後導致估計偏差。和之前一樣，您首先要為正在檢查的任何特徵 k 建立一個網格，ALE 以執行下列 3 步驟來處理這個問題：

3　本書編寫時，有兩個 Python 套件可用於計算 ALE：ALEPython（*https://oreil.ly/ znDHe*）和 alibi（*https:// oreil.ly/QIZkS*）。您可以在程式碼庫（*https://oreil.ly/dshp-repo*）中找到我對於連續特徵且沒有交互作用的實作。

著重於局部效應

對於網格中的某個值 g，只選擇那些其特徵值落在該點鄰域內的資料單元（i），其中（$\{i: g - \delta \le x_{ik} \le g + \delta\}$）。對於相關特徵，所有這些單元在其他變數上，都應該具有相對一致的值。

計算函數的斜率

在該鄰域內，計算每個單元的斜率，然後平均。

累積這些效應

出於視覺化目的，累計所有這些效應：這允許您從網格中的局部層面移動到特徵的全局範圍。

第二步驟尤其重要：不只在網格的一個點上評估函數，而是實際計算函數在一區間內的斜率。否則，您可能會混淆感興趣特徵的效應，與其他高度相關特徵的效應。

圖 13-12 顯示先前使用的相同模擬資料集 ALE，以及自助法的 90% 信賴區間。對於不相關的特徵，即第一列，ALE 在恢復真實效應方面表現出色。對於相關特徵，即第二列，也正確恢復第二個特徵的真實效應，但第一個特徵的某些部分仍然顯示出一些偏差；儘管如此，ALE 的效果仍然比 PDP 來得更好。

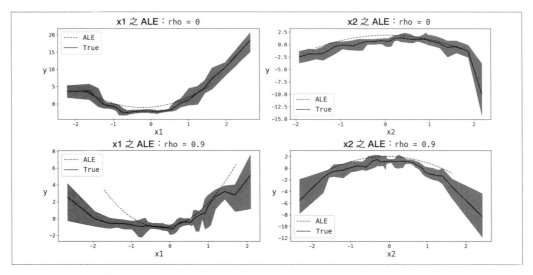

圖 13-12　同樣模擬資料的 AIE（90% 信賴區間）

主要重點

本章重點可總結如下：

機器學習中的整體講故事

在機器學習中，講故事常發生在您開發模型，並面對利害關係人之後。本章介紹的整體方法支持這種願景，即您的科學家角色能建立並且迭代，能幫助您建立良好預測模型的故事，然後再切換到更傳統的業務人員角色。

事前講故事

事前講故事始於建立和您希望預測的結果有關的故事或假設。然後，這些故事會透過多步驟特徵工程階段轉化為特徵。

事後講故事

事後講故事幫助您理解並解讀模型產生的預測。諸如熱圖、部分依賴圖和累積局部效應等，技術應該有助於您講述關於不同特徵在結果上發揮作用的故事。特徵重要性提供一種對它們排名的方式。

將講故事結構化為步驟

至少在開始時，將一些結構加到您的講故事工具箱中，無論是從事前還是事後角度來看，這都是有益的。

深入閱讀

我在《Analytical Skills for AI and Data Science》中討論了一階和二階效應。

Rolf Dobelli 的《The Art of Thinking Clearly》（Harper），對於想要瞭解人類行為中存在的許多偏差和啟發法則知識非常有用，這些可以有效增加您對特定問題的假設集合。

從資料轉換的角度來看，有幾本關於特徵工程的綜合參考資料。您可以查閱 Alice Zheng 和 Amanda Casari 的《Feature Engineering for Machine Learning》（O'Reilly），Sinan Ozdemir 的《Feature Engineering Bookcamp》（Manning），Soledad Galli 的《Python Feature Engineering Cookbook》（Packt Publishing）第 2 版，或 Wing Poon 的〈Feature Engineering for Machine Learning〉一系列部落格文章（*https://oreil.ly/Zg3EI*）。

圖 13-5 改 編 自 Gareth James 等 人 的《An Introduction to Statistical Learning with Applications in R》（Springer）第 2 版的圖 2.7。如果您對於獲得一些直覺而不是理解更技術性的細節更感興趣，我強烈推薦這本書，它可以從作者處線上取得（*https://oreil.ly/LZPDX*）。

在機器學習的可解讀性方面，我強烈推薦 Christoph Molnar 的《Interpretable Machine Learning: A Guide for Making Black Box Models Explainable》，線上版本見此：*https://oreil.ly/FujJr*（獨立出版，2023 年）。Trevor Hastie 等人的《The Elements of Statistical Learning: Data Mining, Inference, and Prediction》（Springer）第 2 版，深入探討不同演算法的特徵重要性和可解讀性，特別是第 10.13 節和第 15.13.2 節。最後，Michael Munn 和 David Pitman 在《Explainable AI for Practitioners: Designing and Implementing Explainable ML Solutions》（O'Reilly），提供對各種技術全面且最新的概述。

關於 ALE，可以查閱 Daniel W. Apley 和 Jingyu Zhu 的原始文章〈Visualizing the Effects of Predictor Variables in Black Box Supervised Learning Models〉（2019 年 8 月，從 arXiv 檢索，連結：*https://oreil.ly/gbZlu*）。Molnar 對 ALE 的解釋清楚，但這篇文章可以提供一些這個相對沒那麼直觀的演算法進一步細節。

## 第十四章

從預測到決策

據麥肯錫（McKinsey）的一項調查（*https://oreil.ly/Kl_7y*）顯示，他們的受訪組織中，有 50% 在 2022 年採用了人工智慧（AI）或機器學習（ML），相對於 2017 年大幅增加 2.5 倍，但仍低於 2019 年的 58%。如果 AI 是新的電力（*https://oreil.ly/O_tsb*），資料是新的石油（*https://oreil.ly/bU0xd*），為什麼在大型語言模型（large language model, LLM）如 ChatGPT 和 Bard 出現之前，它們的採用率會陷入停滯呢[1]？

儘管有各式各樣的根本原因，但最直接的原因是，大多數組織尚未找到正面的投資報酬（return on investment, ROI：*https://oreil.ly/Stpro*）。在〈Expanding AI's Impact With Organizational Learning〉（*https://oreil.ly/izJb7*）一文中，Sam Ransbotham 及其合作者認為，只有「10% 的公司，會從人工智慧技術中獲得明顯的經濟利益」。

這個 ROI 來自哪裡？在其核心，由於機器學習演算法是預測性程序，因此合理地期望大多數價值是透過改善決策能力而建立。本章將探討預測改進決策的一些方式，在此過程中，我將介紹一些實用的方法，幫助您從預測轉向改進決策。

剖析決策

預測演算法試圖繞過不確定性，這樣做對提高我們的決策能力非常重要。例如，我可以純粹為了高興而試圖預測家鄉明天的天氣，但是預測本身可以促使並改善我們在面對這種不確定性時，做出更好決策的能力。很容易就可以找到各種不同的人和組織，都願意為這些資訊付費的使用案例，如農民、派對策劃者、電信行業或 NASA 等政府機構等。

---

[1] 有人可能會想問，大型語言模型（LLM）是否真的會以明顯方式改變採用趨勢。我認為基本立論至今還未真正改變，至少在機器達到人工通用智能（artificial general intelligence, AGI）之前。第 17 章也會討論這個主題。

圖 14-1 以圖表方式顯示不確定性在決策中的角色。從右側開始，一旦解決不確定性，就會有一個能影響您所關心的某個度量結果，這個結果取決於您掌握的槓桿（行動）集合，以及它們和底層不確定性的交互作用。例如，您不知道今天是否會下雨（不確定性），但您想保持舒適和乾爽（結果），您可以決定要不要帶傘（槓桿）。當然，如果下雨，帶傘是比較好的選擇，因為能讓您保持乾爽；但如果不下雨，最好的決策就是不帶傘，您會因無須攜帶它而感到更舒適。

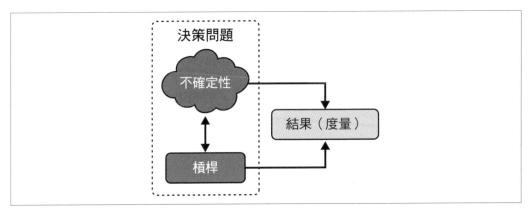

圖 14-1　不確定情況下的決策

表 14-1 彙總了一些 ML 常見使用案例，強調決策和不確定性的角色，以及一些可能的結果。讓我們來看一下第一列，即健康保險理賠處理的案例。如果有一份新的理賠，您必須決定手動審查還是批准支付，因為理賠可能是違規的，而違規的理賠會不必要地增加保險公司的成本，但審核過程通常相當複雜，需要大量的時間和精力。如果您能夠正確預測，就可以降低預測誤差和成本，同時又提高顧客滿意度。

表 14-1　ML 使用案例範例

類別	使用案例	決策	不確定性	結果
服務營運	理賠處理	自動支付與審核	是否違規	降低手動流程（成本），提高顧客滿意度，減少詐欺
服務營運	人員配置	雇用或重新安置	員工規模取決於需求	提高顧客滿意度，減少未使用的資源（成本）
服務營運	主動顧客支援	要不要打給顧客	顧客是否有我可以解決的問題	提高滿意度，減少流失
供應鏈優化	需求預測	管理庫存	庫存取決於需求	提高銷售，降低折舊成本

類別	使用案例	決策	不確定性	結果
詐欺偵測	退款預防	批准或拒絕交易	是否違規	降低與詐欺相關的成本,提高顧客滿意度
行銷	潛在顧客產生	要不要打給潛在顧客	他們會不會購買	提高銷售效率
基於 ML 的產品	推薦系統	推薦 A 或 B	他們會不會購買	提高參與度,減少流失

首先考慮決策和結果,然後再考慮 ML 應用,這樣可以讓您在組織內發展強大的資料科學實務方面走得更遠。

在職場尋找新的 ML 使用案例時,思考決策和槓桿是一種很好的方法。該過程包括:

1. 確定利益相關者所做的關鍵決策,以及相關度量和槓桿。
2. 瞭解不確定性的作用。
3. 為建構 ML 解決方案提出商業案例。

智慧型閾值的簡單決策規則

與迴歸不同,簡單的決策規則在分類模型中,會以閾值化(*thresholding*)的形式自然產生。我將描述二項模型,即兩個結果的情況,但這個原則可以調整為更一般的多項模型。典型的情境可能如下:

$$做(\tau) = \begin{cases} 若\ \hat{p}_i \geq \tau\ 則\ A \\ 若\ \hat{p}_i < \tau\ 則\ B \end{cases}$$

在這裡,$\hat{p}_i$ 是單元 i 的預測機率分數,τ 是您選擇的閾值,該規則在分數夠高時,會激發行動 A;在分數不夠高時會激發行動 B。請注意,如果您用預測的連續型結果來替換預測機率,則適用類似原理。然而,分類設定固有的簡化結構,讓您可以在深思熟慮後納入不同預測錯誤的成本。

簡而言之,一切都歸結於更深入的理解偽陽性和偽陰性。在二項模型中,結果通常標記為正(1)或負(0),一旦有了預測的機率分數和閾值,具有較高機率的單元會預測為正,反之為負。請參見表 14-2 中的混淆矩陣(confusion matrix)。

表 14-2　典型混淆矩陣

實際 / 預測	$\hat{N}(\tau)$	$\hat{P}(\tau)$
N	TN	FP
P	FN	TP

混淆矩陣中的列和行分別表示實際標籤和預測標籤。如前所述，預測結果取決於所選閾值（τ），因此，根據預測標籤是否與實際標籤匹配，您可以將樣本中的每個實例分類為真陰性（true negative, TN）、真陽性（true positive, TP）、偽陰性（false negative, FN）或偽陽性（false positive, FP）。矩陣中的單元格表示每個類別的案例數量。

精確度和召回率

在分類問題中，兩個常見的效能度量是精確度（precision）和召回率（recall）：

$$精確度 = \frac{TP}{TP + FP}$$

$$召回率 = \frac{TP}{TP + FN}$$

這兩個度量都可以視為真陽性率，但每個考慮情況各自不同。[2] 精確度回答了這個問題：在所有我說的正面案例中，實際上有多少百分比是正面的？另一方面，召回率回答的是這個問題：在所有實際上為正面的案例中，我預測正確的百分比是多少？當您將精確度作為考慮因素時，實際上在考慮偽陽性的成本；而對於召回率，重要的是偽陰性的成本。

圖 14-2 顯示 3 個不同模型的精確度和召回率曲線，這些模型來自一個產出平衡結果的模擬潛在變數線性模型上的訓練，第一行顯示一個分類器，在單元間隔中抽取隨機均勻數來分配機率分數；這個隨機分類器將作為基線。中間一行繪製從羅吉斯迴歸獲得的精確度和召回率，最後一行刻意地切換預測類別，以建立一個反機率分數，其中較高的分數與較低的發生率相關聯。

您可以很容易地看到幾種模式：精確度始終以樣本中正向案例的一部分開始，它可以是相對直的線（隨機分類器）、增加或減少。大多數情況下，您會得到一個增加的精確度，因為大多數模型傾向於優於隨機分類器，並且至少在某種程度上對您想要預測的結果具有一定資訊性。儘管這在理論上是可能的，但精確度不太可能出現負斜率。

2　注意，在機器學習文獻中，召回率通常會視為真陽性率（true positive rate）。

精確度的表現較好，它會從一開始然後下降到 0，只有曲率發生變化。一個良好的凹函數（中間的案例）通常是可以預期的，這也與在良好的分類模型中，分數能夠描述發生機率的事實相關聯。

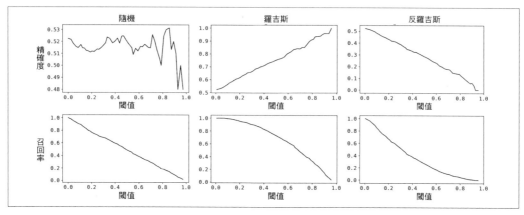

圖 14-2　不同模型的精確度和召回率

範例：潛在顧客產生

以潛在顧客產生（lead generation）活動為例，您對潛在顧客評分，以預測最終哪些顧客會購買。您的資料包括以前由電話銷售團隊使用的潛在顧客樣本中，成功銷售和失敗未銷售的聯繫紀錄。

考慮一個簡單的決策規則，即在預測的機率高於某一閾值時再與顧客聯繫。FN 是一個本應交給行銷團隊的潛在顧客，但由於沒有交給他們，未能完成銷售；FP 是錯送給行銷團隊的潛在顧客，因此最終未轉化為銷售。偽陰性的成本是由於未能銷售而產生的收入損失，而偽陽性的成本則是用於處理潛在顧客的任何資源，例如，一名電話業務代表的每小時薪資為 X，為每個潛在顧客的處理時間為 k 分鐘，則每個偽陽性的成本為 $kX/60$。

簡單的處理量（volume）閾值規則運作方式如下：銷售團隊告訴您每個週期，如一天或一週他們可以處理的銷售量（V），然後您根據估計的機率分數，向他們發送前 V 名潛在顧客。顯然，透過固定處理量，您也內隱式地設定您的決策規則閾值。

現在來查看簡化的潛在顧客產生漏斗（參見第 2 章），以瞭解這種規則的效果[3]：

$$\text{銷售量} = \underbrace{\frac{\text{銷售量}}{\text{聯繫量}}}_{(1)} \times \underbrace{\frac{\text{聯繫量}}{\text{潛在顧客量}}}_{(2)} \times \underbrace{\text{潛在顧客量}}_{(3)}$$

$$= \underbrace{\text{轉換效率}(\tau)}_{\text{精確度}} \times \text{聯繫率(FTE)} \times \text{潛在顧客量}(\tau)$$

總銷售數取決於轉換效率（1）、聯繫率（2）和潛在顧客量（3）。請注意，轉換效率和潛在顧客量取決於您選擇的閾值：在理想情況下，轉換效率等於模型的精確度，而潛在顧客量取決於分數的分布。另一方面，聯繫率取決於銷售團隊的全職當量（full-time equivalent, FTE）或總員工數：銷售團隊夠大的話，就能夠在樣本中聯繫每個潛在顧客。

有了這一點，您就可以看到處理量規則可能奏效的原因和時機。透過按照機率分數遞減的方式排序潛在顧客，並只聯繫前 V 名顧客，您優化了轉換效率，因為在預測分類模型中，精確度是一個遞增函數。您還照顧到電話銷售團隊中的閒置資源：如果您發送的數量超過他們能夠處理的範圍，則具有較低得分的潛在顧客在目前時間視窗內將不會接到聯繫；如果您發送的量較少，就會有閒置的業務代表。

圖 14-3 以相同模擬樣本，和之前使用的 3 個模型設定閾值作為函數，繪製了（1）和（3）的乘積[4]。從右到左移動，您可以看到以總銷售量的角度出發，降低閾值永遠比較好，這解釋了為什麼處理量規則通常對電話銷售團隊來說非常有效。

---

3 我假設聯繫比例為 1，因此每通電話都可以完全聯繫。在實際應用中，這通常並非如此，因此不只需要擴大銷售漏斗，還可能需要調整您的模型。

4 樣本大小正規化為 100，且結果是平衡的，因此只有約 50 個真陽性案例。

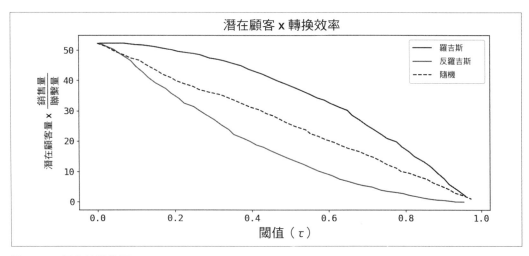

圖 14-3　優化總銷售額

這張圖可能讓人混淆之處在於，它可能暗示您應將閾值設定為 0：聯繫每個有分數的潛在顧客，而不只是遵循處理量法則。換句話說，銷售團隊是否應僱用精確數量的全職員工（FTE），以確保能將聯繫率最大化，並聯繫所有潛在顧客？答案是否定的：如果分數具有資訊性，則預測分數較低的潛在顧客也較不可能轉化，因此額外雇用一名 FTE 的成本（確定），將大於（不確定的）額外銷售的收益。處理量法則假設團隊的規模是固定的，然後在給定這個團隊規模的情況下，優化最大精確度和銷售額。

混淆矩陣優化

潛在顧客的情況有點特殊，因為您實際上對偽陰性賦予了零權重，只專注於優化精確度。但對於大多數問題來說，這並非如此；即使在潛在顧客的案例中，也有理由在閾值的選擇中考慮偽陽性。為了看清楚這一點，可參考詐騙案例，對任何即將到來的交易，都需要預測這是否為詐騙。

典型的決策規則會阻擋具有足夠高機率分數的交易。偽陽性通常會轉化為憤怒的顧客，而降低顧客滿意度和提高流失率；另一方面，偽陰性則會產生詐騙的直接成本。這種張力催生出有趣的閾值選擇優化問題。

一般的想法是找到會做出錯誤預測的預期成本最小化閾值;或者,如果您認為應該把正確預測的價值也包括進來,可以選擇最大化預期利潤的閾值,以表達為:

$$E(成本)(\tau) = P_{FP}(\tau)c_{FP} + P_{FN}(\tau)c_{FN}$$

$$E(收益)(\tau) = P_{TP}(\tau)b_{TP} + P_{TN}(\tau)b_{TN} - \left(P_{FP}(\tau)c_{FP} + P_{FN}(\tau)c_{FN}\right)$$

其中 P_x、c_x、b_x 分別表示真 / 偽陽性 / 陰性(x)的機率,和它們相應的成本或收益。機率估計自混淆矩陣中的頻率,如 $P_x = n_x / \Sigma_y \, n_y$,並取決於所選的閾值[5]。

圖 14-4 顯示使用與之前相同的模擬資料集樣本估計;重點在於,我假設一種對稱情況,其中所有成本和收益都具有相同的價值(正規化為 1)。您可以看到對於成本(左)和利潤優化(右),最優閾值約為 0.5,這在具有平衡結果和對稱性成本 / 效益結構的模型中,符合預期。

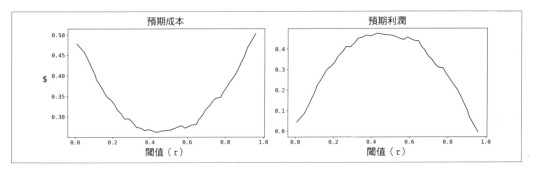

圖 14-4　對稱的預期成本和利潤

圖 14-5 顯示將偽陽性和偽陰性成本加倍後,對最優閾值的影響。從方向上來說,您期望增加偽陽性的成本會增加閾值,因為更加重視模型的精確度;或者,增加偽陰性的成本會降低最優閾值,因為更加重視召回率。

5　雖然這對於收益計算是正確的,但在成本計算中,您可能希望在給定預測錯誤的情況下使用條件機率。所選閾值不會改變,因為這相當於目標函數的重新縮放。

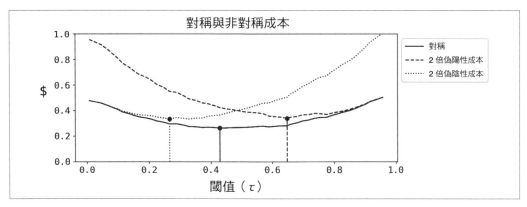

圖 14-5　非對稱預期成本

可以使用此方法找到適當的閾值，將分類模型轉化為決策規則，整個過程包括以下
步驟：

1. 使用具有良好預測效能的分類器訓練。

2. 對於要最小化成本，設定適當的預測錯誤成本。由於問題的結構本質，您只需擁有相
   對成本，例如，偽陰性的成本是偽陽性的 3 倍；也就是說，您可以相對於一個結果
   來正規化所有內容。

3. 利潤最大化也適用類似的考慮。

4. 可以為不同閾值計算這些成本和利潤，然後優化。

主要重點

本章重點可總結如下：

從預測轉向決策，對於找到資料科學實務的正面 ROI 至關重要。

　　ML 是一組預測性演算法，首先且首要點在於，可以極大地提升您組織的決策能力。

ML 中充斥著閾值決策規則。

　　許多迴歸和分類模型會引發簡單的決策規則，如果預測結果大於、等於或小於預定
的閾值，則會觸發動作。

分類模型中的決策規則。

　　由於簡化的結果結構，分類模型會產生可輕鬆優化的決策規則。其中一種優化路徑考量來自不同預測結果，如真、偽陽性或陰性的成本和效益。我說明當您只關心模型的精確度時，形成一個簡單的處理量閾值規則的方法，以及在偽陽性和偽陰性很重要的更完整情況。

深入閱讀

我的書《Analytical Skills for AI and Data Science》深入探討本章節許多主題，更重要的是，我沒有涵蓋此處描述的閾值優化實際問題。

Ajay Agrawal 等人的《Power and Prediction: The Disruptive Economics of Artificial Intelligence》（Harvard Business Review Press），一再強調人工智慧和機器學習對經濟擾動的潛力，取決於它們對我們改善決策能力的幫助。

## 第十五章

增量性：資料科學的聖盃？

在過去，我曾主張增量性是資料科學的聖盃（*https://oreil.ly/or6gY*）。這一說法的主要論點來自於我一直以來的假設：資料科學能透過提升公司的決策能力創造價值。本章將擴展這個主題，更重要的是，我將介紹一些技術，而這些技術應該可以建立一些基本直覺，如果決定深入研究的話將很有用。和前幾章一樣，這個主題值得一本書的篇幅來闡明，因此我會在本章最後提供一些參考資料。

定義增量性

增量性（*incrementality*），只是應用於決策分析的因果推論（*causal inference*）的另一種稱呼。如果您還記得圖 14-1，一個典型的決策包括一個行動或槓桿，以及依賴於底層不確定性的結果。如果槓桿能改善結果，且能夠隔離任何其他可能解釋這種變化的因素，您就可以說它是增量的，至少帶有一定程度的信心。為了日後參考，這個行動也可稱為治療（*treatment*），這樣的描述來自更為經典的醫學文獻控制實驗，其中一些患者接受了治療，其餘對照組（*control group*）則接受安慰劑。

因果關係通常透過反事實（*counterfactual*）來定義。相對於事實，也就是我們觀察到的東西，反事實試圖回答這個問題：如果我採取不同的行動路線，會怎樣？然後，如果一個行動的結果相對於所有可能的反事實而言是獨特的，您就可以說，這個行動產生了因果效應，一樣至少帶有一定程度的信心。

舉例來說，假設您可以拉動一個具有兩個可能行動 A 和 B 的二進制槓桿，例如要不要提供價格折扣，並觀察到一個結果 Y（收入），您最後會發現，給所有顧客折扣能讓收入增加了。這樣折扣對收入是增量的嗎？或者，這種影響是否具有因果關係？要回答這些問題，需要估計反事實的收入，所有其他因素都是固定的，唯一變化的是您不提供折扣。這些潛在結果（*potential outcome*）的差異就是折扣的因果效應[1]。

透過量化增量性，您能夠確定並選擇可以使公司走上改進道路的行動。這通常與指導性（*prescriptive*）分析相關聯，它和描述性和預測性分析相對立。大多數從事機器學習（ML）的資料科學家都嚴格專注於預測，幾乎不花時間思考因果關係，因此您可能會想知道這是否真的是一項需要學習的重要技能。在轉向更實際的問題之前，我會主張這確實是一項重要技能。

用因果推論改進預測

即使您將自己的資料科學家角色局限於預測，仍應該花很多心思關注因果關係。正如第 13 章所討論的，為了設計出優秀的預測特徵，您需要對所要預測的結果有一些基本的因果直覺。這可以從監督式學習的定義中看出：

$$y = f(x_1, x_2, \cdots)$$

在您的特徵和結果 $\{x_k, y\}$ 變化中，任務是學習資料產生過程 $f()$。但這隱含了從特徵到結果的因果方向假設。特徵工程的過程始於提出：更高的特徵 k 值增加了結果，因為……這類的因果假設。此外，如果包含與結果虛假相關的特徵，則模型的預測效能可能會受到負面影響，如同第 10 章的解釋。

因果推論作為區別因素

在編寫本書時，GPT-4 和類似的大型語言模型（LLM），會使我們重新思考人類在許多領域中的角色。在自動機器學習（*https://oreil.ly/afagR*）出現時，資料科學家在更早之前就聽說過這些風險。

---

[1] 順帶一提，這個範例中有其他可以解釋產生更高收入的反事實故事可能性，其中一個非常普遍的是尖峰季節銷售，這段期間，顧客就是會願意在您的產品上花更多錢。

但如果您讓機器處理所有可以自動化的事情，並將獨特的人類能力投入其中，這些技術將會讓您更有生產力。即使考量到最近的進展，似乎可以安全地預測，目前仍然只有人類會透過反事實，和建立世界運作方式模型來參與因果推論。第 17 章也將詳細討論這個主題。

提高決策能力

還有一個問題是如何為組織創造價值。正如我在整本書中的主張，資料科學家具有改善公司決策能力的技能，如果您選擇這條路，增量性就是聖盃，無法逃避不去思考因果關係。

但這條路還會要求您重新思考自己作為資料科學家的角色，將它從只預測，擴展到加強決策制定，其中預測發揮著重要但次要的作用。

最常見的情況是推出新功能或新產品。推出新功能時，最好有一個試圖優化的結果或度量，例如，您可能關心顧客參與度，而此度量是由活動時間或頁面訪問頻率測量。如果您能夠顯示該功能對該度量具有增量效應，則可以建議擴大其使用或擴增其功能。另外，如果您發現它不是增量的，甚至更糟的是會讓度量惡化，最好回滾（roll back）此功能。

新產品推出會增加更有趣的吞噬（*cannibalization*）概念。例如，當 Apple（*https://oreil.ly/QarTm*）決定推出 iPhone 時，iPod 的銷售額明顯下降至最後被吞噬了。同樣的，Netflix（*https://oreil.ly/Zu5jM*）的串流媒體業務最終取代並吞噬了他們一開始有的線上 DVD 租賃業務。最後一個略有不同的範例，是開設一家可能會吞噬鄰近商店銷售的星巴克（*https://oreil.ly/BCgCA*）。所有這些情況，估計新產品或商店的增量性，對公司的損益表和決策能力都可能產生深遠影響。

干擾因子和對撞機

第 10 章提到的干擾因子和不良控制變數，是線性迴歸可能出現問題的範例。在處理因果關係時，掌握這些概念同樣至關重要，我現在將回顧這些概念，並在思考增量性時強調一些您應該關注的地方。

一個思考因果關係時非常有用的工具是有向無環圖（directed acyclic graph, DAG），這個圖（*graph*）包含一組節點和節點之間的連結。在這個設定中，節點表示變數，連結表示因果關係，若連結可解讀為有方向性時，圖就變為有向的（*directed*），例如，如果 *x* 導致 *y*，就會有一個有向連結 *x* → *y*。詞彙無環（*acyclic*）排除循環的存在；如果 *x* → *y*，則不能有 *x* ← *y*，因此因果關係是單向的。電腦科學家 Judea Pearl，因在貝葉斯（Bayesian）網路方面的工作成果而獲得圖靈獎（Turing Award），他開發並推廣使用 DAG 進行因果分析的方法。在擁有您的資料和 DAG 的情況下，問題是您是否能夠識別（*identify*）特定的因果效應，識別與估計（*estimation*）不同，估計是指使用統計技術來計算樣本估計量[2]。

圖 15-1 顯示干擾因子和對撞機（collider）最簡單情況的 DAG，其中從 *x* 到 *y* 沒有因果效應。左邊的 DAG 顯示存在兩個因果關係（*c* → *x*，*c* → *y*），因此 *c* 是 *x* 和 *y* 的共同原因。右邊也有兩個因果關係（*c* ← *x*，*c* ← *y*），所以 *c* 是共同結果。

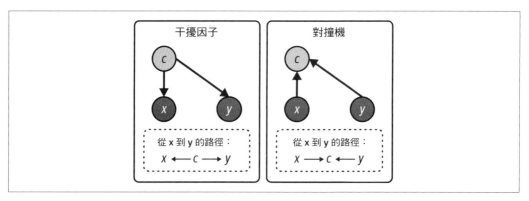

圖 15-1　干擾因子和對撞機的 DAG：沒有因果效應

干擾因子偏差指的是，當兩個可能不相關的變數（*x, y*）具有共同原因（*c*）時而產生的。如果您對 *x* 執行對 *y* 的迴歸，而不控制 *c*，您會發現它們是虛假相關的。如果觀察到有干擾因子，您只需要對干擾因子進行條件控制，這樣有因果關係的話，就能夠識別出來。問題出在未觀察到的干擾因子，因為根據定義，您無法控制它們。在這種情況下，如果有因果效應的話，將無法識別。

2　DAG 方法在電腦科學家和流行病學家中廣為歡迎，而潛在結果方法在統計學家和經濟學家間最受歡迎。接下來的內容中會談到比較多後者。

對撞機（*collider*）是兩個變數的共同結果，是不良控制的典型範例，因為將其包含在迴歸中，會讓您的估計出現偏差。如果您對 *x* 執行對 *y* 的迴歸並控制 *c*，您會發現一個不存在的虛假關係。

為了瞭解發生的事情，我模擬以下資料產生過程作為干擾因子；請注意，從 *x* 到 *y* 沒有因果效應：

$$c \sim N(0, 1)$$
$$\epsilon_x \sim N(0, 1)$$
$$\epsilon_y \sim N(0, 2)$$
$$x = 10 + 0.5c + \epsilon_x$$
$$y = -2 + 3c + \epsilon_y$$

同樣的，對於對撞機的資料產生過程如下，從 *x* 到 *y* 一樣沒有因果效應：

$$\epsilon_x \sim N(0, 1)$$
$$\epsilon_y \sim N(0, 2)$$
$$\epsilon_c \sim N(0, 0.1)$$
$$x = 10 + \epsilon_x$$
$$y = -2 + \epsilon_y$$
$$c = 5 - 2x + 10y + \epsilon_c$$

然後，我使用蒙地卡羅（MC）模擬，估計對 *x* 對 *y* 的線性迴歸，且沒有控制 *c*。我在圖 15-2 中報告特徵 *x* 的估計係數和 95% 信賴區間。

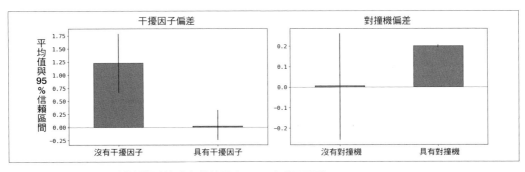

圖 15-2　干擾因子和對撞機偏差（參數估計和 95% 信賴區間）

在干擾因子的情況下，如果不控制 c，則會產生一個統計上顯著的虛假相關，這將錯誤地指出 x 和 y 之間存在關係；更糟的是，您可能最終得出 x 導致 y 的結論。值得注意的是，一旦將干擾因子納入迴歸，這種相關性就會消失，而對不存在關係做出正確推論。

對撞機則會發生相反的情況：由於它是一個不良控制變數，把它從迴歸中排除，會讓您得以估計出 x 對 y 的影響在統計上並不顯著。如果您錯誤地認為應該將 c 包含為一個特徵，您最後會在實際上不存在的情況下，得出存在因果效應的結論。

這兩種偏差在應用中非常普遍，不幸的是，它們在很大程度上取決於您對結果的因果模型，換句話說，在嘗試估計因果效應之前，您必須為您的結果制定一個模型（DAG），只有這樣，您才能判斷，您的可用資料是否足以識別給定的因果效應。具體而言，您必須控制任何干擾因子，並確保不去控制對撞機。有時，關於這兩者的考慮會產生衝突，因為一個變數可能同時是干擾因子和對撞機。

這個過程通常會稱為後門準則（*back-doorcriterion*）：對於干擾因子，您必須透過控制它們來關閉任何後門，對撞機則適用相反準則；否則，您就打開了那些後門，而不能識別因果效應[3]。

另一個可能出現的實際問題涉及到代理干擾因子。如前所述，未觀察到的干擾因子會阻礙因果效應的識別；因此，您可能會嘗試使用與干擾因子略有相關的代理變數。這裡的希望是您仍然可以使用這些不太理想的替代品來估計因果效應，不幸的是，答案並不樂觀：偏差的程度可說是取決於相關性的強度。圖 15-3 進行了干擾因子和 x 對 y 的真實因果效應 MC 模擬，以說明這一點[4]。

3　注意，後門準則還包括一個條件，即不要控制治療，也就是導致結果的變數後代。

4　DGP 基本上與之前相同，但我引入了兩個變化：我繪製 c，代理 $\sim N(0, \Sigma(\rho))$ 以允許真實、未觀察到的干擾因子（c）和觀察到的代理之間的不同相關係數，並且我將結果建模為 $y = \hat{a}2 + 3c - 2x + \epsilon_y$，從而得出 x 對 y 的因果效應。

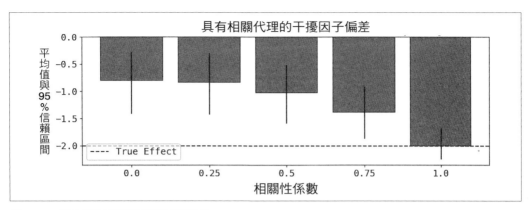

圖 15-3　具有相關代理的干擾因子偏差

選擇偏差

選擇偏差（*selection bias*）對於因果分析非常重要，但不同學派的觀點認為它有不同的涵義（*https://oreil.ly/TGxkr*）。對於統計學家和經濟學家來說，它與進入治療的選擇有關，而對於電腦科學家來說，它指的是改變了受訪者樣本的治療後（post-treatment）選擇；前者是一種干擾偏差（confounding bias），而後者產生了一個完全不同的 DAG，更接近第 6 章所述的存活偏差。在本節中，我將提到前者：進入治療的選擇，它通常與潛在結果文獻有關，以下將介紹這種表示法[5]。

潛在結果的概念與反事實關係密切。考慮二元治療（*D*）的情況，其中每個單元 *i* 只能選擇接受它（$D_i = 1$），或是不接受它（$D_i = 0$）。與治療等級相對應的每個單元都有一個唯一的潛在結果，分別用 Y_{1i} 或 Y_{0i} 表示，以對應於接受或不接受治療。每個單元都會觀察到其中一個，且只有一個潛在結果，以 Y_i 來表示；另一個潛在結果是反事實的，因此無法觀察到。觀察結果與潛在結果之間的關係可以總結如下：

$$Y_i = \begin{cases} \text{若 } D_i = 1 \text{ 則 } Y_{1i} \\ \text{若 } D_i = 0 \text{ 則 } Y_{0i} \end{cases}$$

或者另一種寫法為 $Y_i = Y_{0i} + (Y_{1i} - Y_{0i})D_i$，它非常巧妙地對應到治療虛擬變數與截距結果的線性迴歸結構。

5　不同類型的選擇偏差之間的區別很重要。正如稍後會說明的，隨機化排除進入治療的選擇，但無法解決治療後選擇的問題。

將因果關係思考為潛在結果的一個優勢是，本質上這是一個缺失資料的問題。表 15-1 即為一例，其中每一列表示一位顧客，只觀察 Y 和 D，就能根據這些資訊，立即使用上述邏輯來填寫潛在結果。如果能夠觀察到每個反事實結果，就能夠估計因果效應。

表 15-1　潛在結果和缺失值

	Y	Y0	Y1	D
1	6.28	6.28	NaN	0
2	8.05	8.05	NaN	0
18	8.70	NaN	8.70	1
7	8.90	NaN	8.90	1
0	9.23	9.23	NaN	0
16	9.44	NaN	9.44	1

以範例來說明的話，假設我想要估計提供書籍相關程式碼的 GitHub 儲存庫，對書籍銷售是否具有增量效應。我的直覺是，知道有可用的程式碼會增加購買的可能性，可能是因為潛在顧客認為該書的品質更高，或者因為他們知道使用程式碼的學習過程會更容易，我想量化這種效應，因為建立程式碼儲存庫是有成本的。我會跟來瀏覽網頁的人溝通，並提供樣本給他們（$D_i = 1$）；對於其餘的訪問者則不提供（$D_i = 0$）。結果是一個二元變數，表示有銷售（$Y_i = 1$）或未銷售（$Y_i = 0$）。

對於每個單元 i，$Y_{1i} - Y_{0i}$ 是提供程式碼的因果效應。由於每個單元只會觀察到它們之中的其中一個，我們需要使用有得到和未得到治療的樣本以估計它。其中一種估計的自然方式，是觀察到的平均值差（observed difference in means）：$E(Y_i|D_i = 1) - E(Y_i|D_i = 0)$。在實際應用中，將期望值替換為樣本矩（moment）可得到 $\bar{Y}_{D_i = 1} - \bar{Y}_{D_i = 0}$，這能解釋為什麼我說它是可觀察到的。

壞消息是，在存在選擇偏差的情況下，觀察到的平均值差無法估計感興趣的因果效應：

$$\underbrace{E(Y_i|D_i = 1) - E(Y_i|D_i = 0)}_{\text{觀察到的平均值差}} = \underbrace{E(Y_{1i} - Y_{0i}|D_i = 1)}_{\text{ATT（因果效應）}} + \underbrace{E(Y_{0i}|D_i = 1) - E(Y_{0i}|D_i = 0)}_{\text{選擇偏差}}$$

這種分解非常方便，因為它顯示處於存在選擇偏差的情況下，觀察到的平均值差將偏離感興趣的因果效應，通常以處理後的平均治療效應（*average treatment effect on the treated, ATT*）來表示。ATT 會回答以下問題：只看那些接受治療的人，他們得到的結果，與假設沒有接受治療得到的結果，之間的預期差異是多少？第二個結果是反事實的，因此差異提供了對他們的因果效應[6]。

第三項代表了選擇偏差，並顯示觀察到的平均值差可能偏離因果效應。為了解釋其中涵義，我將使用以下符號：

$$\text{選擇偏差} = \underbrace{E\left(Y_{0i}\middle|D_i = 1\right)}_{A} - \underbrace{E\left(Y_{0i}\middle|D_i = 0\right)}_{B}$$

回到這個範例，您可以將程式碼儲存庫視為公司，在這種情況下就是我的一個昂貴槓桿，可以分配給每個人，或者有選擇性地分配。圖 15-4 顯示兩種類型的選擇偏差，當存在正向選擇時，往往會高估因果效應；負向選擇則會低估。

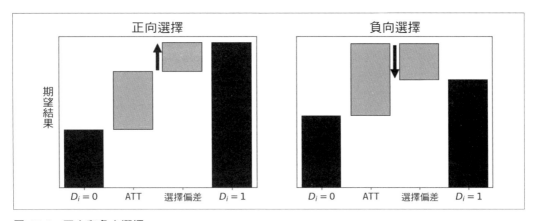

圖 15-4　正向和負向選擇

讓我們從正向選擇開始，這發生在如果我將治療分配給那些確定更有可能購買書籍的人。或者另一種講法是，對於那些獲得儲存庫的人，有所銷售的機率從一開始就較高，而與槓桿的增量性無關。這意味著 $A \geq B$，從而高估了因果效應。類似的論點表明，在負向選擇的情況下，$A \leq B$，並低估了因果效應。

6　請注意，您可以估計其他可能的因果效應，即平均治療效應（average treatment effect, ATE），或未經治療的平均治療效應（average treatment effect on the untreated, ATU）。本章最後會提供參考文獻。

選擇偏差在觀察性資料中普遍存在。不是您或公司的某個人選擇接受治療的參與者,就是顧客進行了自我選擇,程式碼儲存庫的範例是公司選擇的典型範例,但自我選擇也很常見。第 4 章曾介紹逆選擇(*adverse selection*)的概念,即越沒有辦法償還貸款的客戶,越會想去貸款;逆選擇是自我選擇的一個常見範例。

> 深入理解在特定使用案例中的選擇偏差,可以在您努力理解並估計因果關係的過程中取得極大進展。每當您研究增量性時,請問自己是否有可能存在任何類型的選擇偏差,這意味著您必須仔細考慮正在分析的治療選擇機制。

幸運的是,檢查選擇偏差在概念上是直觀的:取一組預治療(*pretreatment*)變數 X,並計算在治療組和對照組中的差異。預治療變數是可能影響進入治療的因素,第 6 章已說明如何使用提升,但出於統計原因,通常較常使用平均值而不是比率的差,因為那會導致標準 t 測試。

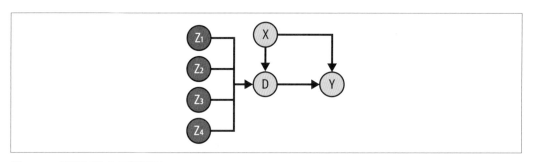

圖 15-5　選擇偏差和干擾因子

圖 15-5 顯示一個可以用來建模選擇偏差的 DAG 範例。有兩組預治療變數(Z_1, …, Z_4, X),都會影響選擇進入治療(D)。結果(Y)取決於治療和 X。請注意,X 是干擾因子,而變數 Z_k 在控制治療時不會產生偏差。這些其他的預治療變數可能在治療和對照組之間存在差異,但這些差異不會產生選擇偏差。

非干擾性假設

在這種情況下,是時候介紹用於識別因果效應所需的主要假設了。該假設有不同的名稱,如非干擾性(*unconfoundedness*)、可忽略性(*ignorability*)、條件可交換性(*conditional exchangeability*)、對可觀測變數的選擇(*selection on observables*)和條件獨立性(*conditional independence*)。

該假設意味著在一組觀察到的控制變數條件下，潛在結果和進入治療互為統計獨立：

$$Y_0, Y_1 \perp\!\!\!\perp D \,|\, X$$

這個關鍵的假設有兩種替代解釋，一種是從決策者，即選擇機制的所有者角度，另一種是從資料科學家的角度。

首先從決策者的角度來看，請記住，進入治療可以由顧客因自我選擇，或治療的擁有者，即您或公司的某人。該假設禁止決策者考慮潛在結果。

例如，當討論正向選擇和負向選擇時，我是選擇機制的擁有者，它明確取決於我是否想激勵那些更有可能自然購買的潛在顧客。這等同於說選擇依賴於潛在結果：如果 $Y_{0i} = 0$，則顧客在無法訪問儲存庫的情況下將不購買該書，因此我可能希望激勵他們（負向選擇）。正向選擇也適用類似思維，兩種都可能導致不符合非干擾性的情況。

從資料科學家的角度來看，您需要事先知道可能影響選擇機制的所有相關變數，然後可以控制它們，並達成條件獨立性。希望您能理解因果推論如此困難的原因：您不只需要對結果的正確模型（DAG）有所瞭解，還需要觀察到所有相關的變數，後者能解釋該假設也稱為對可觀測變數的選擇的原因。任何未觀察到的干擾因子都將導致選擇偏差，對於觀察性資料，這兩個條件都很難滿足，所以才會有 A/B 測試。

打破選擇偏差：隨機化

隨機對照試驗（randomized controlled trials, RCT），或者在企業行話中更為人熟知的 A/B 測試（A/B testing），是估計因果效應的典型方法。原因是，按照它的設計可以保證非干擾性假設：進入治療只取決於偽隨機抽取的結果，這使其與潛在結果無關。

讓我們看看實際運作方式。首先，您需要定義樣本中接受治療的比例（p），在大多數常見的 A/B 測試設計中，通常將其設定為一半。然後，從均勻分布（u）中抽取，並定義選擇為：

$$D_i = \begin{cases} 若 u \geq p 則 1 \\ 若 u < p 則 0 \end{cases}$$

以下的程式碼片段實作這種隨機選擇機制。使用者提供總樣本量（n_total）、接受治療的比例（frac_treated）和隨機數產生器的種子，而讓稍後可以複製。結果是一個布林陣列，將指出樣本中的每個單元是否選中（True），或未選中（False）。

```
def randomize_sample(n_total, frac_treated, seed):
    " 尋找隨機樣本的函數 "
    np.random.seed(seed)
    unif_draw = np.random.rand(n_total)
    bool_treat = unif_draw >= frac_treated

    return bool_treat
```

如前所述,非干擾性也稱為(條件)可交換性。在這個範例中,如果我將進入治療的選擇隨機化,由於可交換性,可以期望有機會購買該書的比例,在治療組和對照組中相同。任何一組中的增量銷售,都必須只取決於我提供的槓桿,這就是 A/B 測試的美妙之處。

 隨機化時,必須確保能滿足穩定的單元治療值假設(*stable unit treatment value assumption, SUTVA*)。SUTVA 有兩個要求:(i)接受治療的所有個體都接受相同治療,例如藥物試驗中,所有患者都必須接受相同的等效劑量;以及(ii)單元之間沒有干擾,因此對於其他單元的治療分配不會讓一個單元的潛在結果發生變化。

線上市場經常違反後者的條件,例如 Uber、Lyft(*https://oreil.ly/Y3hWH*)或 Airbnb。假設您想測試需求方的價格折扣是否能提高收入,[7]治療(折扣)可能會減少對照組的可用供應,從而產生影響其潛在結果的外部性。在這些情況下,最好使用區塊隨機化,先把樣本分為互斥的群集,治療是在群集間而不是在單元間隨機分配。

匹配

儘管 A/B 測試非常好用,但有時可能也無法發揮作用,特別是當治療成本相當高時。例如,假設您在一家電信公司工作,想知道安裝天線及所有所需元件對公司的收入是否有增量影響,就可以設計一個 A/B 測試方案,在地理位置上隨機分配新天線;樣本量夠多後,這個設計將允許您估計它們的增量效應。不用說,這個測試成本實在太高了。

有幾種技術可以讓您使用觀察性資料來估計因果效應,但它們都依賴於關鍵的未干擾性假設。這裡我只想提一下匹配(matching),以及傾向分數匹配,因為它能有效捕捉到在可觀察變數上的選擇性直覺,以及嘗試透過找到一組合適的單元來建立有效對照組的方式,以重現隨機分配。

---

7 市場有需求和供應兩方,需求的範例包括共乘的乘客或 Airbnb 房客。

一種思考隨機分配的方式，是將治療組和對照組視為事先相等，這意味著如果您從每組隨機選擇一個單元，並在任何一組變數（X）方面比較，它們應該基本上相同。一個自然的問題是，是否能夠事後建立一個有效的對照組，以便適用可觀察變數的選擇，這就是匹配（*matching*）試圖實現的目標。

匹配演算法的工作方式如下：

1. 為您的結果提出一個 *DAG*，確保在可觀察變數上的選擇性是有效的。實務上，這意味著您對選擇機制有合理的因果模型，並且能觀察到所有的預治療特徵 X。

2. 遍歷所有接受治療的單元：

   a. 找到合適的個體對照組。對於每個單元 i，找到在 X 方面與 i 最相似的 m 個單元群組。以 (C_i) 表示。m 是一個超參數，控制偏差與變異數之間的取捨：大多數人使用 $m = 1$，可能會導致低偏差但高變異數。您可以增加數量並調整這個取捨。

   b. 計算對照組的平均結果。一旦有了單元 i 的對照組，就可以計算對照組的平均結果 $\bar{y}_{0i} = (1/m)\sum_{j \in C(i)} y_j$。

   c. 計算單元 i 的平均治療效應。計算差異 $\widehat{\delta}_i = y_i - \bar{y}_{0i}$。

3. 計算接受治療單元的平均治療效應。ATT 是治療組（N_T）中所有 n_t 個體治療效應的平均值：

$$ATT = \frac{1}{n_t} \sum_{i \in N_T} \widehat{\delta}_{i_i}$$

我希望您喜歡匹配演算法的簡單和直觀。其關鍵見解是，每個接受治療的單元都與一個在任何干擾因子上和它最相似的對照組匹配。對於連續型特徵，您只需要計算 i 與所有未接受治療的單元 j 之間的歐氏距離（Euclidean distance）：

$$d_{ij} = \sqrt{\sum_k \left(x_{ik} - x_{jk}\right)^2}$$

如果您有混合型資料，其中的特徵可以是連續型的或類別型的，又會怎麼樣呢？原則上您可以應用一個足夠通用的距離函數。[8] 但有一個另類且非常重要的結果，稱為傾向分數定理（*Propensity Score Theorem, PST*），現在就來介紹它。

8　例如，參見 Kacper Kubara 的文章，〈The Proper Way of Handling Mixed-Type Data. State-of-the-Art Distance Metrics〉（*https://oreil.ly/gEn5R*）。

傾向分數（*propensity score*）是在給定一些共變數或控制變數的情況下，某個單元接受治療的機率：

$$p(X_i) = 機率(D_i = 1 \,|\, X_i)$$

PST 表示，如果在特徵 X 的條件下擁有無干擾性，則在條件 $p(X)$ 下也擁有無干擾性。這個結果的重要性主要表現在計算上：如果您已經做出了使用 X 來假設條件獨立性的關鍵性突破，您就可以使用傾向分數將接受治療的單元，與未接受治療的單元匹配。傾向分數可以用您喜歡的分類演算法，如梯度提升、隨機森林或羅吉斯迴歸分類器來估計，它自然會處理混合資料。

 請注意，無干擾性的性質是一個無法使用任何特定資料集測試的假設，始於捕捉有關治療、結果和任何其他相關控制之間依賴性的所有假設 DAG，隨後所有步驟都將取決於這個關鍵的假設。

由於這項關鍵性，將您的識別假設，即您的 DAG 與同事、資料科學家或其他人討論與記錄下來，可想而知會是一個好主意。很多時候，您的業務利益相關者可以就驅動選擇機制的原因，提供寶貴見解。

我現在將總結傾向得分匹配演算法，但會略過常見步驟：

1. 訓練一個分類演算法來估計獲取治療的機率。使用一個治療和未治療單元的樣本來估計 $p(X_i)$。

2. 使用傾向分數匹配治療單元。對於每個治療單元 i，計算所有未治療單元的傾向分數絕對值差：

$$d_{ij} = |\,\hat{p}(X_i) - \hat{p}(X_j)\,|$$

3. 使用排序後的差來選擇控制組。以遞增方式對所有差排序，並將前 m 個分配給控制組 $C(i)$。

儘管匹配和傾向分數匹配的直觀性很高，但由於您必須循環遍歷每個治療單元，然後對於每個治療單元，都必須循環遍歷每個未治療單元以及每個特徵，因此最終複雜度之大 O（*Big O*）表示法為 $O(n_t \times n_c \times k)$。在程式碼儲存庫（*https://oreil.ly/dshp-repo*）中，您將找到該演算法的兩個版本，一個使用迴圈，另一個使用 Numpy 和 Pandas 的廣播功能，這可以有效縮短執行時間。

為了看到這兩者的實際效果，我模擬一個與先前描述相似的模型，其中有兩個會影響選擇機率和結果的干擾因子，真實的治療效果等於二。[9] 對於傾向分數，我使用了兩種替代演算法：開箱即用的梯度提升分類器（GBC）和羅吉斯迴歸，我為每個估計器引導了 95% 的信賴區間，圖 15-6 可看出每個圖的水平軸顯示，在控制組的大小（m）改變時會發生的事。

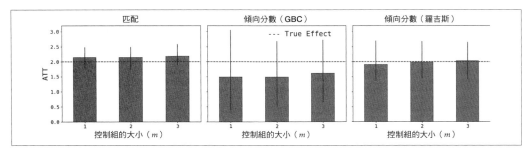

圖 15-6　匹配和傾向分數匹配的結果

顯然，所有方法都正確地估計真實的因果效應，但使用 GBC 的傾向分數匹配略微低估了它；真實估計仍然在 95% 信賴區間內。增加個別對照組的大小，似乎對於普通匹配，和使用羅吉斯迴歸的傾向分數匹配偏差和變異數都沒有影響，但它略微減小 GBC 信賴區間。

機器學習和因果推論

儘管機器學習在過去幾年中取得令人矚目的成長，但可以肯定的是，除了許多組織會定期執行的 *A/B* 測試之外，因果推論仍然相當專業。本節會試著總結將這兩個研究領域聯繫起來的一些最新發展。

開源程式碼庫

就像機器學習的可用開源程式庫為實務工作者除去一些障礙一樣，目前有一些新的倡議，試圖為因果推論做同樣的事情。

Microsoft 的因果推論研究小組已經啟動了包括 EconML（*https://oreil.ly/8QMHp*）、Azua（*https://oreil.ly/rowav*）和 DoWhy（*https://oreil.ly/Ber5G*）在內的多個專案。

9　細節可以在程式碼儲存庫中找到：*https://oreil.ly/dshp-repo*。

正如 DoWhy 的貢獻者的解釋（*https://oreil.ly/jaTr2*），他們的目標是：

- 透過因果圖（DAG）提供建模框架

- 綜合 DAG 和潛在結果方法的優勢

- 「在可能的情況下，自動地測試假設的有效性，並評估估計的強固性」

最後一個目標對實務工作者來說可能最具吸引力，因為透過提供治療、結果、其他資料和因果模型，您可以獲得足夠資訊，來確定是否有識別結果和一系列可能的估計。正如您可能想要的那樣，自動化是由 Judea Pearl（*https://oreil.ly/JmYKa*）和電腦科學團隊共同領導的研究計畫核心。

EconML 是一個旨在使用最先進機器學習技術，來估計因果效應的 Python 程式庫，正如其名字所示，所提供的方法處於「計量經濟學和『機器學習』的交集處」。您可以找到一些在未干擾性假設下運作的最新方法，例如雙重機器學習（double machine learning）、雙重強固學習（doubly robust learning）和基於樹的估計器；稍後會更詳細地談論。

Azua 是一個旨在使用最先進的機器學習方法來改進決策的程式庫。問題分為兩個獨立的階段：下一個最佳問題，和下一個最佳行動。前者在乎的是蒐集哪些資料才能做出更好的決策，包括缺失值插補的問題，以及對於所給定問題不同變數的資訊性；後者則使用因果推論，來為明確的目標函數提供最優行動。

CausalML（*https://oreil.ly/W2Vn8*）是由 Uber 建立的另一個 Python 程式庫，包括用於提升建模的幾個基於機器學習的因果推論估計器，例如樹和元學習器（meta-learner）。一個類似的程式庫是 pylift（*https://oreil.ly/Akxdj*）。

為了理解正向提升建模（*https://oreil.ly/3LMlX*），想像一下，您訓練一個交叉銷售分類器，該分類器將預測公司顧客群會購買的特定產品。一旦訓練完成，您可以繪製得分分布，如同圖 15-7，我將所有得分顧客分為 3 組，A 組是有很高購買機率的顧客，B 組的顧客購買可能性較小，而 C 組則認定為極不可能購買。

在您的宣傳活動中，應該針對哪些顧客？很多人決定針對 A 組，但這些顧客最有可能自發性購買，所以可以將這種昂貴的獎勵用在其他顧客身上；另一方面，C 組的可能性非常小，因此提供獎勵將成本過高。基於這種種原因，B 組是最好的目標。

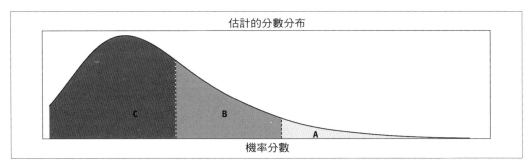

圖 15-7　交叉銷售機率分數分布 scores

正向提升模型的目的，是利用您的治療和對照組資訊估計治療的增量性，以形式化這種
直覺的討論。

雙重機器學習

當目標是學習一般的資料產生過程，例如 $y = f(X)$ 時，機器學習演算法非常出色。在
使用 DAG 描述因果模型時，並不會提及連接的功能形式，而只提及它們的存在。傳統
上，由於線性迴歸的簡單性和透明度，通常會使用它來估計因果效應。雙重機器學習
（double machine learning, DML）和類似的技術，旨在利用非線性學習器的增強預測能
力和靈活性，來估計因果效應。

為了瞭解機器學習改善因果效應的估計方式，請考慮以下部分線性模型：

$$y = \theta D + g(X) + u$$
$$D = h(X) + v$$

和往常一樣，結果取決於治療和一些特徵，治療還取決於特徵集，以建立干擾因子或選
擇性偏差。函數 g 和 h 可能是非線性的，治療效應由 θ 給出，u、v 是獨立的雜訊項。請
注意，非線性可能只適用於干擾因子，但不允許它們與治療交互作用。

DML 估計器的想法，是使用非線性學習器，例如隨機森林或梯度提升來學習所有函數，
並估計治療效應。在此不深入細節，但該過程涉及兩個關鍵概念：

正交化

　　如第 10 章所述，正交化包括剔除共變數 X 對結果和治療的影響部分。您將使用所需
　　的靈活學習器並迴歸殘差，以獲得因果效應。

樣本拆分

將樣本隨機分成兩半，一半用於訓練，另一半用於估計和評估。這是為了避免過度擬合（overfitting）的偏差，並提供一些理想的大樣本性質。

該演算法運作方式如下：

1. 隨機將樣本分為兩半：S_k，$k = 1, 2$。

2. 使用樣本 l，在 S_l 上訓練您的學習器，包括 $g()$ 和 $h()$。

3. 使用樣本 $m \neq l$ 中的單元 i 來估計殘差：

$$\hat{u}_i = y_i - \hat{g}(X_i)$$
$$\hat{v}_i = D_i - \hat{h}(X_i)$$

4. 計算估計值[10]：

$$\hat{\theta}(S_l, S_m) = \left(\frac{1}{n_m} \sum_{i \in S_m} \hat{v}_i D_i \right)^{-1} \left(\frac{1}{n_m} \sum_{i \in S_m} \hat{v}_i \hat{u}_i \right)$$

5. 平均每個子樣本的估計值：

$$\hat{\theta} = 0.5 \times \left(\hat{\theta}(S_l, S_m) + \hat{\theta}(S_m, S_l) \right)$$

在程式碼儲存庫（*https://oreil.ly/dshp-repo*）中，可以找到使用線性和非線性資料產生過程以模擬的實作和結果。這裡只是想展示一個 ML，透過提供更強大和通用的預測演算法，來影響因果推論途徑的方法。

主要重點

本章重點可總結如下：

什麼是增量性？

增量性是應用來估計改變槓桿，是否會改善業務結果的因果推論。

---

[10] 請注意，這個運算式並不完全等同於使用 Frisch-Waugh-Lovell 過程進行迴歸的部分排除殘差。實際上，這個運算式更接近一個儀器變數（instrumental variable）估計器，可參見本章最後的參考文獻。雙重機器學習的創作者提出另一種更接近 FWL 邏輯的估計器（請參見相關作品第 4 節）。

為什麼關心增量性（版本 0）？

在假設資料科學會透過提高決策能力而創造價值的前提下，增量性對於理解哪些決策值得擴展，哪些又應該撤回至關重要。

為什麼關心增量性（版本 1）？

即使改進決策能力對您或您的團隊來說不是首要任務，但對因果關係有廣泛的理解，應該還是有助於提高機器學習模型的預測效能。

因果關係的方法

一般而言，有兩種替代且互補的識別和估計因果效應的方法：DAG 方法和潛在結果方法。前者利用圖表和 do-演算（do-calculus）來找到識別的條件；後者則轉化為缺失資料和選擇機制的問題，因為在任何給定的時間內，每個單元都只能觀察到一個潛在結果。

干擾因子和對撞機

干擾因子是共同原因，對撞機是治療和結果的共同效應。不對干擾因子進行條件設定會打開一扇後門，導致有偏差的因果估計。另一方面，對撞機是一種不良控制的範例，因為將其包括為模型中的一個特徵，或更一般性地對其進行條件設定，也會打開一扇後門，產生偏差。

選擇偏差

對於統計學家和經濟學家來說，選擇偏差是應用於選擇進入治療的一種干擾因子偏差；對於流行病學家和電腦科學家來說，它指的是在治療後進入樣本的選擇。以 RCT 或 A/B 測試形式的隨機化，能解決前者，但未解決後者。

隨機化和匹配

透過對進入治療以隨機化，您有效地消除選擇（進入治療）偏差。這能解釋為什麼一有可能時，A/B 測試就會成為行業標準。對於觀察性資料，有許多技術可用於估計因果效應，但它們都依賴於非干擾性的假設是有效的。在這裡，我只討論匹配和傾向得分匹配。

深入閱讀

我的書《Analytical Skills for AI and Data Science》深入探討對於指導性（prescriptive）資料科學來說，增量性和因果關係的相關性。Ajay Agrawal 等人的書《Prediction Machines: The Simple Economics of Artificial Intelligence》（Harvard Business Review Press），以及更近期的作品《Power and Prediction: The Disruptive Economics of Artificial Intelligence》（Harvard Business Review Press），也可以找到類似觀點。

有關因果推論的入門知識，可以在 Andrew Gelman 和 Jennifer Hill 的《Data Analysis Using Regression and Multilevel/Hierarchical Models》（Cambridge University Press）第 9 章找到（*https://oreil.ly/j2JfH*）。

如果您對於 DAG 方法的因果關係感興趣，可以參考 Judea Pearl 和 Dana Mackenzie《因果革命：人工智慧的大未來》（The Book of Why: The New Science of Cause and Effect, Basic Books）的介紹；更技術性的教材可以在 Pearl 的《Causality: Models, Reasoning and Inference》（Cambridge University Press）的第 2 版中找到。前者適合於您首次想獲得一些基礎知識，而後者則提供對 DAG 和 do- 運算的深入介紹，在識別後門和前門準則方面來說相當重要。

潛在結果方法一直受到經濟學家和統計學家的推崇。如果您有興趣瞭解選擇偏差以及線性迴歸，相對於其他方法，例如本章討論的匹配估計器等各方面，Joshua Angrist 和 Jorn-Steffen Pischke 的《Mostly Harmless Econometrics: An Empiricist's Companion》（Princeton University Press）是一本很好的參考書；也可以在 DML 估計器的註腳中找到對儀具變數（instrumental variable）的完整處理。

Guido Imbens 和 Donald Rubin 的《Causal Inference for Statistics, Social, and Biomedical Sciences: An Introduction》（Cambridge University Press），從潛在結果的角度徹底介紹這個主題，因果模型也稱為 Rubin，因為是 Donald Rubin 最先形式化並發展該理論。如果您想瞭解選擇機制扮演的角色，這是一本很好的參考書，他們對 SUTVA 也有很詳細的討論。

近年來，一些作者嘗試充分利用這兩種方法。在經濟學家方面，Scott Cunningham 的《Causal Inference: The Mixtape》（Yale University Press：*https://oreil.ly/mlTOy*），和 Nick Huntington-Klein 的《The Effect: An Introduction to Research Design and Causality》（Chapman and Hall/CRC：*https://oreil.ly/DewAm*），討論了幾種識別和估計方法，並提供與 DAG 相關的清晰介紹。

雖然 Miguel Hernan 和 James Robins 在 DAG 文獻中非常受尊敬，但他們的書《Causal Inference: What If》（CRC Press）卻使用潛在結果來介紹因果和反事實，並使用 DAG 推導出許多重要結果。

在 2021 年，與 David Card、Joshua Angrist 共同獲得諾貝爾經濟學獎的 Guido Imbens（*https://oreil.ly/8p3Yr*），曾和 Judea Pearl 就這兩種方法的相對效用多次討論。可以在〈Potential Outcome and Directed Acyclic Graph Approaches to Causality: Relevance for Empirical Practice in Economics〉（工作論文：*https://oreil.ly/OcAm8*，2020 年）中找到他的觀點和評論。您可能也會有興趣閱讀 Judea Pearl 的回應（*https://oreil.ly/tz8Hl*）。

此外，如果您對這些不同思想流派的演變及其觀點感興趣，可以查閱《Observation Studies》第 8 卷第 2 期（2022 年）的開放特刊（*https://oreil.ly/MXYlp*）。該特刊包含對 Judea Pearl、另一位諾貝爾經濟學獎得主 James Heckman，和一位致力於因果推論研究的領導結構建模流行病學家 James Robins 三人，對這一主題及不同方法看法的採訪。

Carlos Cinelli 等人的《A Crash Course in Good and Bad Controls》（Sociological Methods and Research）是對不良控制問題的系統性討論，於 2022 年出版，可線上瀏覽（*https://oreil.ly/TqTkX*）。

Elias Bareinboim 等人的〈Recovering from Selection Bias in Causal and Statistical Inference〉從事後治療樣本選擇的角度討論選擇偏差問題（《Proceedings of the AAAI Conference on Artificial Intelligence》28，第 1 期，2014 年：*https://oreil.ly/ZCxGS*）。針對這個主題，還可以閱讀 Miguel Hernan 對不同類型偏差的討論（*https://oreil.ly/B6rey*），以及 Louisa H. Smith 的論文〈Selection Mechanisms and Their Consequences: Understanding and Addressing Selection Bias〉（《Current Epidemiology Reports》第 7 卷，2020 年：*https://oreil.ly/uqNR4*）。

Ron Kohavi 等人的《Trustworthy Online Controlled Experiments》（Cambridge University Press），討論了 *A/B* 測試設計中的許多重要主題，包括干擾或 SUTVA 違規的問題。也可以查閱 Peter Aronow 等人的〈Spillover Effects in Experimental Data〉，見於 J. Druckman 和 D. Green 主編的《Advances in Experimental Political Science》（Cambridge University Press），arXiv（*https://oreil.ly/ZrQQa*））。

Matheus Facure 的《Causal Inference in Python》（O'Reilly），用一本書的篇幅，概述這裡討論的諸多主題，可以線上查閱他的〈Causal Inference for the Brave and True〉（*https://oreil.ly/IgsQE*）。

關於正向提升建模，可以查閱 Shelby Temple 的文章〈Uplift Modeling: A Quick Introduction〉（《Towards Data Science》，2020 年 6 月：*https://oreil.ly/uqdHd*。Eric Siegel 的《Predictive Analytics: The Power to Predict Who Will Click, Buy, Lie, or Die》（Wiley）第 7 章，為一般人介紹這項主題。

Jean Kaddour 等人的〈Causal Machine Learning: A Survey and Open Problems〉（2022，arXiv：*https://oreil.ly/OBIUu*）提供除了 ML 和因果關係之外的許多重要主題最新摘要，而這些主題本章都未討論。

如果想學習雙重機器學習，可以查閱原始文章（*https://oreil.ly/TIcnB*），作者是 Victor Chernozhukov 及其合著者，標題是〈Double/Debiased Machine Learning for Treatment and Structural Parameters〉（《Econometrics Journal》第 21 卷第 1 期，2018 年）。Chris Felton 的講義（*https://oreil.ly/3ZkfG*），和 Arthur Turrell 的文章〈Econometrics in Python Part I—Double Machine Learning〉（*https://oreil.ly/89gBR*）也很有用。還有 Python 和 R 的相關軟體套件（*https://oreil.ly/3M6bU*），EconML（*https://oreil.ly/Ks5RT*）軟體套件還提供估計 DML 的方法。

## 第十六章

A/B 測試

第 15 章描述在實際情況下，當資料科學家確實可以使用隨機化這個選項時，它在估計因果效應時的重要性。*A/B* 測試利用這種力量，以一種類似於局部優化（*local optimization*）的過程，來提升組織的決策能力。

本章描述 *A/B* 測試，並應該能幫助您用一個相對簡單的程序來應付許多複雜細節，以提升決策能力。

何謂 A/B 測試？

用最簡單的方法來說，A/B 測試（*A/B test*）是評估兩種替代方案，在給定度量上哪種會更好的方法，*A* 表示預設或基線替代方案，而 *B* 是競爭者。更複雜的測試可以同時呈現多個替代方案，並找到最佳方案。沿用第 15 章的說法，獲得 *A* 或 *B* 的單元分別稱為對照（*control*）組和治療（*treatment*）組。

從這段描述中，可以看出每個 *A/B* 測試中有幾個要素：

度量

作為提升決策能力的核心，A/B 測試的設計一定要從選擇正確的度量開始。第 2 章中描述的技術，應該能幫您找到適合您想實作測試的合適度量，我將用 *Y* 來表達這個結果度量。

槓桿或替代方案

　　一旦定義一個度量，可以回過頭思考最直接影響它的槓桿為何。常見的錯誤是從替代方案開始，比如說，網頁或應用程式中按鈕的背景顏色，並試圖以逆向工程的做法得出一些度量。我在實務上多次看到這種情況，但它幾乎都會導致浪費時間、團隊沮喪和無結論的結果。

隨機選擇

　　一定要能說明誰能夠存取每個替代方案。A/B 測試也可稱為隨機對照試驗（*randomized controlled trials*），因為按照設計，進入治療組的選擇是隨機的，從而打破可能出現的任何干擾因子或選擇偏差。

決策準則

參與實驗的每個單元 i 都有一個相應的結果，用 Y_i 表示。實驗結束時，您已經為兩組單元分別蒐集這個度量的資料，您的任務是判斷新替代方案是否勝過預設方案。

有幾種方式可以提出這個問題，但最常見的是比較兩組的樣本平均值。這裡的關鍵點和困難之處在於，您需要區分訊號和雜訊。

圖 16-1 顯示兩種典型情景。每張圖都說明每個單元在治療和對照組（垂直線）中的結果測量，以及樣本平均值（三角形）。左圖有一個純粹的雜訊情景，治療組和對照組的結果分布相同，但如果只比較平均值，會得出槓桿 B 更優的結論。右圖中，治療會將分布向右移，從而建立平均結果之間的真實差異。

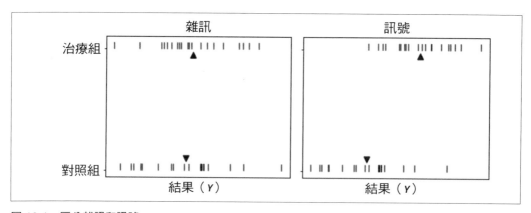

圖 16-1　區分雜訊和訊號

統計測試允許您形式化這些直覺，通常會對照一個虛無假設和一個替代假設，並計算具有已知分布的測試統計量。用 $\bar{Y}_k, k \in \{A, B\}$ 來表示 G_k 群組中單元的樣本平均值：

$$\bar{Y}_k = \frac{1}{N_k} \sum_{i \in G_k} Y_i$$

A/B 測試中最常用的準則是：

如果 $\bar{Y}_k - \bar{Y}_j > 0$，並且差異在統計上顯著，則保留槓桿 k

根據這個準則，您只需要一個標準的 t 測試，用來對比沒有效果的虛無假設和替代假設，用 $\hat{\theta} = \bar{Y}_B - \bar{Y}_A$ 來表示平均結果的差異。一個雙側統計測試（two-sided statistical test）如下：

$$H_0 : \hat{\theta} = 0$$
$$H_1 : \hat{\theta} \neq 0$$

H_0 表示結果間沒有差異的虛無假設。您的目標是以某種程度的信心來拒絕這個假設；如果沒辦法，就保留預設的槓桿 A；也可以不保留，因為從這個特定度量的角度來看，無法區分它們。

圖 16-2 說明實際操作的進行方式。該圖顯示在沒有效果的虛無假設下，您的測試統計量理論分布，注意：它置中在 0 的位置，通常會視為司徒頓的（Student's）t 分布。您計算 t 統計量，如果它落在陰影區域（拒絕區域），您可以在顯著水準（significance level）上拒絕虛無假設，這通常設定為 5% 或 1%。這是圖中陰影區域的面積，而且有選擇性地讓它變得夠小。

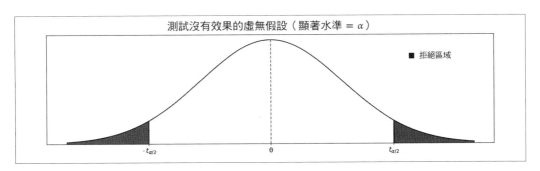

圖 16-2　決定是否保留替代治療

這裡想先暫停一下，好解釋剛才發生的事情。藉由選擇這麼小的顯著水準，形同於承認：如果虛無假設是真的，看到這麼大的測試統計量機會是如此之小，以至於也許我的虛無假設是錯的。換句話說，在虛無假設下高度不太可能發生的事件，會視為用來拒絕虛無假設的證據。例如，如果您選擇 1% 的顯著水準，應該在 100 次實驗中只會觀察到 1 個在拒絕區域的測試統計量；但是在整個實驗中，您還是得到了這個結果！要不就是您非常不幸，要不就是您的虛無假設是錯的，您拋棄了運氣說而選擇後者，並拒絕虛無假設。

透過使用圖 16-1 左側面板中的資料集前 10 個觀察值，可做為範例，請參見表 16-1。

表 16-1　前 10 個單元的結果

ID	對照組	治療組
0	0.62	0.82
1	1.07	0.23
2	0.56	2.47
3	-0.61	0.54
4	2.63	1.12
5	0.17	-0.40
6	0.94	-1.12
7	1.44	2.60
8	2.25	1.39
9	1.42	0.76
平均值	1.05	0.84

對於這 10 個單元，平均結果的差是 $\hat{\theta} = 0.84 - 1.05 = -0.21$。為了計算 t 統計量，首先需要差的變異數：

$$s_k^2 = \sum_{i \in G_k} \left(Y_i - \bar{Y}_k\right)^2 / \left(N_k - 1\right)$$

$$變異數\left(\hat{\theta}\right) = 變異數\left(\bar{Y}_B\right) + 變異數\left(\bar{Y}_A\right) = \frac{s_B^2}{N_B} + \frac{s_A^2}{N_A} = 0.224$$

$$t\ 統計量 = \frac{\hat{\theta}}{\sqrt{變異數\left(\hat{\theta}\right)}} = -0.44$$

這個 t 統計量是否大到足以拒絕無效果的虛無假設？可以使用具有臨界值的表，或者直接計算 p 值（自由度的數量為 $N_B + N_A - 2$）：[1]

$$p \text{ 值} = 2\big(1 - F(|\text{t 統計量}|)\big) = 0.67$$

在虛無假設下，觀察到至少像正負 0.44 這麼極端值的機率為 67%。由於這不夠小（通常小於 5%），因此無法拒絕純粹是雜訊的虛無假設。從決策的角度來看，要使用預設方案。

 也可以使用線性迴歸來得出完全相同的結果。為此，執行以下迴歸：

$$Y = \alpha + \theta D + \epsilon$$

一旦計算出 $\hat{\theta}^{ols}$，可以使用許多套件預先計算的 p 值。請注意，scikit-learn（*https://oreil.ly/nOe0Y*）不會計算 p 值，但可以使用 statsmodels（*https://oreil.ly/ hRZKC*）來計算。程式碼儲存庫（*https://oreil.ly/dshp-repo*）將展示手動達成這一點的方法，會使用 statsmodel 和 SciPy 的 t 測試方法（*https://oreil.ly/apotw*）。

除了簡單性之外，線性迴歸還允許您包括其他控制變數（特徵），這可能提供更小的信賴區間。本章最後會提供參考資料。

最小可偵測效應

希望這樣已足以說服您，使用以下 3 個步驟來實作這個決策準則是相當簡單的事：

1. 確定一個顯著水準（比如 5%）。

2. 計算測試統計量和 p 值。

3. 如果 p 值低於顯著水準，則拒絕無效的虛無假設。

第 14 章中討論過類似基於閾值的決策，會自然產生偽陽性和偽陰性。事實證明，偽陽性和偽陰性在 A/B 測試的設計中也扮演重要角色。

在這個背景下，如果錯誤地得出實驗會產生效應的結論，就會出現偽陽性；如果錯誤地得出實驗不會產生效應的結論，就會出現偽陰性。

---

1 F 表示 t 分布的累積分布函數。

正如前述，顯著水準控制了偽陽性的機率。拒絕虛無假設（陽性，因您認為存在著效應）時，犯錯的機率會由顯著水準（α）給出。另一方面，統計測試力（*statistical power*）允許您控制偽陰性的機率，這對實驗的設計至關重要。

圖 16-3 顯示兩個分布：左側的分布以 0 為中心，假設沒有效應（$\theta = 0$）。右側繪製另一個分布，假設存在正效應（$\theta^* > 0$），以下將使用第二個分布來討論偽陰性。

對於給定的顯著水準，陰影區域 *FP* 表示偽陽性的機率，也就是在錯誤地拒絕虛無假設的情況下，錯誤地得出存在著效應的結論。現在假設您得出沒有效應的結論，只要您的 t 統計量落在臨界值的左側，就會發生這種情況。[2] 如果這是一個偽陰性，則真實分布必須是類似右側的分布，陰影區域 *FN* 表示該分布的偽陰性機率。

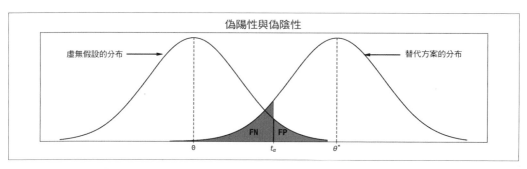

圖 16-3　理解偽陽性和偽陰性

最小可偵測效應（*minimum detectable effect, MDE*）是對於給定的顯著水準和統計測試力，您可以偵測到的實驗最小效應。它來自以下公式，其中 $N = N_A + N_B$ 是實驗的總樣本大小，$P = N_B/N$ 是接受治療單元的比例，如前所述，t_k 是 t 分布的臨界值[3]：

$$MDE = \left(t_\alpha + t_{1-\beta}\right)\sqrt{\frac{Var(Y)}{NP(1-P)}}$$

為什麼 MDE 是如此的重要？即使存在真實效應，當它小於 MDE 時，您將能夠估計它，但它將在統計上不顯著。實際上，這意味著您執行了一個測試，並得出結論，即治療沒有增量效應；問題是這是一個真陰性還是一個偽陰性？在測試力不足的測試（*underpowered test*）中，會無法確定是哪一個。

2　下標現在是 α，而不是 $\alpha/2$，因為我現在考慮的是單邊測試。

3　推導過程可見此：*https://oreil.ly/C-rt9*。

正如本節討論的暗示，設計 *A/B* 測試的目標是達成可能的最小 MDE。小的 MDE 保證透過設計，將能夠在所有具有雜訊的資料中找到同樣小的訊號（真實效應）。

圖 16-4 顯示 MDE、樣本大小和結果變異數之間的關係。對於固定的變異數，增加實驗的樣本大小可以降低 MDE，或者說，實驗規模越龐大，估計小效應的效果就越好。

現在，固定樣本大小，並沿著圖中不同曲線劃一條垂直線。您的資料雜訊越多，即變異數越大，MDE 就越高。由此可知，對於具有雜訊的資料，需要更大的樣本大小，才能獲得可比較的 MDE。

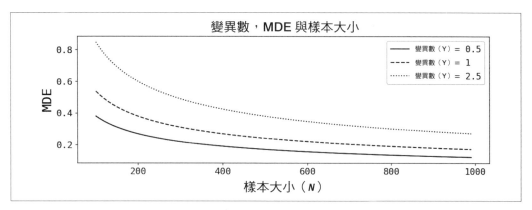

圖 16-4　MDE、變異數與樣本大小的關係

總結本節要點：

- 您希望設計出具有小 MDE 的測試。
- 為此，您需要在樣本大小方面執行規模更大的實驗。

儘管這聽起來很簡單，但請記住，設計更大的實驗可能會影響組織運作。許多時候，您會花上幾個月的時間，停止和參與者的任何通訊，因此大型實驗也有缺點。我稍後談論實驗治理時，會進一步討論這一點。

範例 16-1 顯示使用 Python 來計算 MDE 的方法。為了找到 *t* 分布的臨界值，使用者必須提供統計大小（顯著性）和測試力（或使用預設值）。自由度的數量通常取決於您的樣本大小；在這裡，我將其設定為 $n-1$，但樣本大小只要足夠大，就可以不用校正。

為了找到臨界值，您使用累積分布函數（CDF）的反函數，在 SciPy（*https://oreil.ly/Wusn7*）中，可以使用 scipy.stats.t.ppf() 方法。由於我希望在 t_α 的分布右側找到臨界值，因此需要將顯著水準從 1 減去。對於第二個臨界值（$t_{1-\beta}$），類似的論點也適用，但要關注分布的左側。

範例 16-1　計算 MDE 的 Python 腳本

```
def compute_mde(sample_size, var_outcome, size=0.05, power = 0.85):
    # 自由度：通常是樣本大小的函數
    dof = sample_size - 1
    t_alpha = stats.t.ppf(1-size, dof)
    t_ombeta = stats.t.ppf(power, dof)
    p = 0.5
    den = sample_size*p*(1-p)
    MDE = (t_alpha + t_ombeta)*np.sqrt(var_outcome/den)
    return MDE
```

很多時候您不需要 MDE，而是需要與所需 MDE 一致的最小樣本大小，以幫助您選擇實驗的合適大小。幸運的是，您可以反轉函數，並解出樣本大小作為其他參數的函數；請注意，現在您必須提供一個 MDE。範例 16-2 顯示做到這一點的方式。

範例 16-2　計算最小樣本大小的 Python 腳本

```
def compute_sample_size(mde, var_outcome, data_size, size=0.05, power = 0.85):
    # data_size 是用來計算結果變異數 (var_outcome) 的主體數量
    dof = data_size - 1
    t_alpha = stats.t.ppf(1-size, dof)
    t_ombeta = stats.t.ppf(power, dof)
    sum_t = t_alpha + t_ombeta
    p = 0.5
    sample_size = var_outcome/(p*(1-p))*(sum_t**2/mde**2)
    return sample_size
```

現在我將討論剩餘參數的選擇。

選擇統計測試力、水準和 P 值

常見的做法是選擇 $\alpha = 0.05$ 和 $\beta = 0.15$。儘管您希望這兩者盡可能地小，但對於固定的 MDE，您需要對其中之一取捨，實際上意味著取捨假陽性和假陰性的機率，可見圖 16-5。在設計實驗時，可以將其納入考慮，並看看對您來說最重要的內容。只需記住要正確解釋這些值：5% 是在虛無假設下發生偽陰性的機率，而 15% 是在替代方案下發生偽陽性的機率。

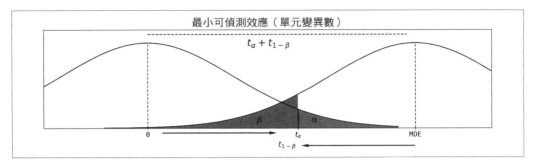

圖 16-5　MDE、顯著水準與測試力

為了設定受治療單元的比例（P），請注意，在所有其他條件相等的情況下，當 $P = 0.5$ 時，MDE 會最小化，因此這是一個合理的選擇。在實務上，這意味著治療組和對照組的大小相等。

估計結果的變異數

您需要的最後一個參數是結果的變異數（$Var(Y)$），很多時候，您實際上可以從現有資料中估計這個值。例如，如果您的結果是每位使用者的平均收入，則可以從資料庫中隨機抽取使用者的隨機樣本，然後估計這些單元之間的變異數。

當結果是二元變數例如轉換率時，還有另一個技巧。例如，如果您的實驗旨在查看新功能是否會提高轉換率，則每個個別的結果都是 $Y_i \in \{0, 1\}$，具體取決於它是否以銷售成立來結束。您可以將其建模為具有機率 q 的伯努利試驗（Bernoulli trial），您知道這種試驗的變異數是 $Var(Y) = q(1 - q)$，可以使用以前活動轉換率的平均值，並將其替換為方程式中的 q 來獲得估計值。

最後，您永遠可以先進行 A/A 測試。正如名稱所示，兩組中的單元均以預設替代方案 A 呈現，然後，可以使用此實驗的結果來估計結果的變異數。

模擬

以下執行一些模擬，以確保這些概念全都是清晰的。在兩個模擬中，我將使用以下簡單資料產生過程：

$$\epsilon \sim N(0, \sigma^2)$$
$$D \sim \text{Bernoulli}(p = 0.5)$$
$$y = 10 + \theta D + \epsilon$$

我的第一個模擬使用 $\theta = 0.5$，$\sigma^2 = 3$，因此存在一個相對於具有雜訊資料的小真實效應。第二個模擬會保持殘差變異數不變，但現在不會有真正的效應（$\theta = 0$，$\sigma^2 = 3$）。每個模擬的樣本大小為 500。

對於第一個模擬，我計算了允許偵測真正效應的最小樣本大小：($N(MDE = 0.5) = N^* = 346$)，然後建立一個從樣本大小的 50% 到 150% 的網格，對於每個樣本大小，從整體樣本中有放回地抽取了 300 個該大小的子樣本。每一個我都估計一個包括截距和虛擬變數的線性迴歸，並且每當虛擬變數的 p 值低於（高於）5% 的顯著水準時，我便把它標誌（flag）為陽性（陰性），如同真實實驗。最後，我透過計算標誌的平均值來計算真陽性和偽陰性率。

圖 16-6 繪製了第一個模擬的真陽性（TPR）和偽陰性（FNR）率，以及用於計算最小樣本大小的測試力。正如您所期望的，TPR 會隨樣本大小增加而增加，而 FNR 則隨樣本大小減少而減少：實驗規模越大，預測錯誤會越少。

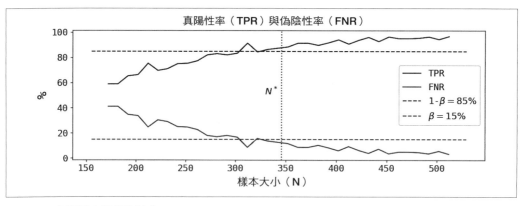

圖 16-6　真陽性率與偽陰性率：$\theta = 0.5$

最重要的發現是，兩條線和各自的閾值 $\beta = 15\%$ 處交叉，此時的樣本大小至少與我使用的 MDE 公式得到的最小值一樣大。為了重複我自己說過的話，這意味著即使您的實驗有一個效應，除非您有足夠的樣本大小，否則您會把它視為在統計上不顯著。在模擬中怎樣才算夠大？答案是可以讓我偵測真實效果的樣本大小。這顯示了 MDE 公式的美感，希望也有助於您理解其中的直觀感覺。

圖 16-7 顯示第二個模擬結果，其中並無效應 $\theta = 0$。使用相同的決策準則，如果 p 值小於 5%，我會將結果標誌為偽陽性，大於 5% 則是真陰性。該圖應該有助於強化您對顯著水準和 p 值的理解，在這種情況下，您約有 5% 的機會，會錯誤地得到實驗有效應的結論。

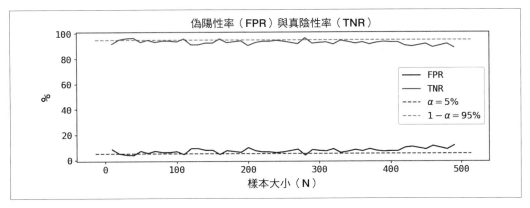

圖 16-7　偽陽性率與真陰性率：$\theta = 0$

範例：轉換率

再透過一個更現實的範例，來查看每個概念是否夠清晰。您希望設計一個 *A/B* 測試，以查看是否可以透過不同自動電子郵件通訊措辭，來改進公司目前擁有的基線 4% 轉換率。

圖 16-8 顯示，如果使用 1000、100 萬或 10 億的樣本大小時，能夠偵測到的轉換率（基線 + MDE）。在測試中有 1K 顧客的情況下，您只能偵測到至少 3.3 個百分點的增量變化，例如，您將無法偵測到「新訊息能建立 5.5% 轉換率」這樣的高度成功測試！如果只能存取 1K 大小的樣本，建議不要執行測試，因為只能偵測到不現實的高增量效果。

如果相反，您可以存取 100 萬個顧客，則 MDE 現在為 0.001，因此任何大於 4.1% 的轉換率都將偵測到。這聽起來相當令人期待，但是樣本大小可能大到無法執行實驗。最後，如果您有 10 億顧客可用，則可以偵測到的最小轉換率為 4.003%（MDE = 3.3e − 5）。擴大樣本大小後，就可以真正區分雜訊和訊號。

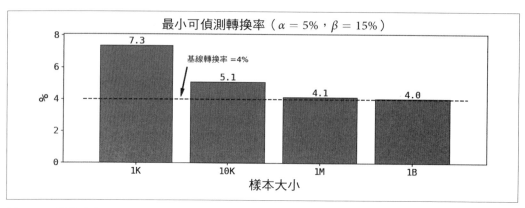

圖 16-8　轉換率和 MDE

別忘了，MDE 指的是由治療方式引起的度量的增量變化，這源自您推論
的隨機變數定義：$\hat{\theta} = \bar{Y}_B - \bar{Y}_A$。

正如這個範例所顯示的，一旦確定了 MDE，就可以找到相應的在治療方
式下可偵測到的最小度量，即：

$$最小可偵測度量 = \underbrace{\bar{Y}_A}_{基線} + MDE$$

設定 MDE

我希望這樣已足以說服您：

- 設計實驗必須包含會影響樣本量的統計測試力和顯著性的考慮。

- 在實驗測試力不足的情況下，您可能會說某種治療方式沒有效應，但實際問題可能
  出在樣本量不夠大。

- 需要首先設定一個 MDE，來找出實驗的最小樣本量。

所以，一開始要如何設定 MDE 呢？一個重要的考量點是，統計顯著性和業務顯著性是
不同的。

回到先前的範例，即使您有 10 億的顧客可以納入實驗，一半為對照組，一半為治療組，測試在業務上是否有意義呢？能夠偵測到 3.3e − 5 的增量變化對大多數公司而言可能毫無意義，因此即使統計性質滿足，從業務的角度來看，這樣的實驗也沒有用[4]。

您可以使用這種思維方式來與利益相關者設定可行的 MDE。例如，對於他們來說，找到 4.1% 以上的轉換率可能是有意義的，因此您必須準備為 100 萬顧客設計測試。如果您只有 1 萬個顧客可用，就必須與他們討論，您只能偵測到 5% 以上的轉換率（MDE = 0.01）。如果相對於基線增長 25%，每個人還是對這種估計感到滿意，執行實驗就是有意義的。

很多時候，您的利益相關者可能無法給出答案，所以最好能夠獲取先前經驗，將這些增量變化（或平均值）用作 MDE，以反向工程來獲得您的樣本量。再不然，就利用您的業務知識，提供一些合理建議。

假設備忘錄

A/B 測試的好壞和資訊豐富性取決於所測試的假設。我曾在一家公司工作，該公司的產品團隊經常推出設計不良的實驗。然而，最令人擔憂的方面並不是統計上的強固性不足，而是這些實驗大多數都缺乏基礎良好的假設。

擁有假設備忘錄（hypotheses backlog）是公司內建立實驗文化的一個關鍵面向。理想情況下，這應該包括一個團隊想要測試的排行後假設列表，以及受影響的度量和支持效應的論點。現在就來討論其中的每一個要件。

度量

對於我從度量開始，您應該不會感到驚訝，有一個明確定義的度量是執行實驗成功的一大部分。如第 2 章所討論的，好的度量是可測量的、相關的、及時的和可行動的。

在 *A/B* 測試中，度量距離槓桿越近越好，這常會發生在度量既是可行動的又是相關的情況下。我的意思是，槓桿會直接移動度量，而不是一連串最終影響了所選度量的效應。因此，當設計測試時，高層次 KPI 並不是一個好的度量。正如您所想像的，度量分解可以幫助您找到 *A/B* 測試的正確度量。

4 　當然，如果您的公司有十億名顧客可以使用，那微小的轉換率增加可能會產生可觀收入，但因這個範例的目的，請暫時忍耐一下。

假設

至少，良好的假設應該在您清楚陳述槓桿如何影響所選擇度量的方式和原因時，描繪其因果關係。

這裡的如何代表效應的方向性：例如，如果我們降價 1%，顧客更有可能購買，這樣的假設清楚地陳述了降價會增加轉換率。但這個假設仍然缺乏原因，也就是對效應背後機制的理解，為了評估假設的可信度，原因至關重要，也將用於排名目的。

偉大的假設也應該是有風險的，這不是從公司的角度來看，而是從測試設計者的角度來看。比較以下兩種遵循價格折扣假設的語句：「測試很重要，因為」將提高轉換率，和「測試很重要，因為」轉換率將增加 1.2 個百分點。前者只提供方向性指導，而後者量化了預期影響。量化提供了可以用來排名替代假設的重要資訊。

排名

要知道，執行實驗的成本對任何組織來說都很昂貴。一方面有直接成本，如所用的時間、精力和其他資源。但每次與顧客互動時，他們對公司的看法可能會改變，可能導致顧客流失，或至少未來的效果降低，例如顧客將您標記為垃圾郵件，根本無法聯繫上。另一方面，還有能夠啟動具有更大潛在影響測試的機會成本。

 一旦考慮了執行測試的成本，對不同假設排名以指導它們的優先順序就很重要了。比較好的做法，是在組織內共享假設備忘錄，以便不同團隊可以參與和討論排名和其他相關資訊。

實驗的治理體系

如果您使測試成為資料驅動策略的一部分，就需要實作和正式化治理框架。與資料治理一樣，我傾向於站在更加務實的一面，目標是去滿足一組實際可達成的最低目標，而不是試圖去完成一套詳盡的任務。

一些對組織來說可能重要的目標包括：

可課責性（*accountability*）

實驗應該有一個明確的擁有者，通常是一個團隊，對測試的預期或非預期結果負責。

業務安全

應該實施合理的防護措施，以保證任何團隊的實驗都不會對業務產生多大的影響。這些防護措施應該在某些 KPI 超過預定的閾值時關閉實驗。

顧客和人類本位

會影響人類行為的實驗，無論這些人是否為顧客，都應該遵循一些與公司價值觀相吻合的最低道德標準。

全局與局部有效性

當同時執行多個實驗時，有必要確保來自不同測試的治療組和對照組不重疊。還可能需要建立一個有關檢疫或休息時期的政策，以不影響業務營運和其他測試的全局有效性。

知識增量性

作為提高決策能力的重要組成部分，*A/B* 測試的結果應該有助於發展和培育具有陽性和陰性結果的知識庫。

可複製性和可重現性

用於設計和分析實驗結果的任何說明文件和程式碼，都應該儲存在公司範圍內的儲存庫中，以便日後能夠重現。

安全性

用於執行大規模實驗的技術堆疊，應符合公司的資料安全和資料隱私政策。

透明度和監控

應盡可能廣泛和及時地提供結果。

主要重點

本章重點可總結如下：

A/B 測試是提高組織決策能力的強大方法。

您可以將 *A/B* 測試視為對局部優化組織主要度量的方法。

測試應該要設計來達到所需的統計測試力。

A/B 測試應該在設計時考慮到偽陽性或偽陰性的機率,統計顯著性控制前者,而測試力則控制後者。測試力不足的實驗可能會因樣本量不足,而導致您錯誤地忽視實驗的真實效應。

量化實驗的最小可偵測效應(MDE),應有助於您設計具有良好統計測試力的測試。

計算 MDE 很簡單,並告訴您在給定顯著水準、測試力、樣本量和所考慮結果的變異數下,您渴望估計的最小增量效應。對於給定的 MDE,您可以使用相同的公式來解決最小樣本量的問題。

實驗治理。

隨著組織的成熟度提高,以及同時進行的測試數量增加,您將需要建立一個治理框架,以求達成一些符合最低期望的目標。我提出的這些建議可能適合您的組織。

深入閱讀

Howard Bloom 的〈The Core Analytics of Randomized Experiments for Social Research〉,收錄於《The SAGE Handbook of Social Research Methods》(2008 年),另可線上存取(*https://oreil.ly/ZYG15*)。 他 的〈Minimum Detectable Effects: A Simple Way to Report the Statistical Power of Experimental Designs〉,則收錄於《Evaluation Review》第 19 卷第 5 期(線上存取:*https://oreil.ly/QCxlC*),應有助於理解 MDE 公式的推導。您還可以查看我對《Analytical Skills for AI and Data Science》附錄的注釋(*https://oreil.ly/1S0Es*)(O'Reilly)。

Guido Imbens 和 Donald Rubin 的《Causal Inference for Statistics, Social, and Biomedical Sciences: An Introduction》(Cambridge University Press,2015 年),在第二部分詳細討論使用隨機化(A/B 測試)進行統計推論的許多不同層面,如基於模型的(Bayesian)推論、Fisher 的確定性 p 值和 Neyman 的重複採樣。然而,請注意,他們沒有討論設計問題。

Ron Kohavi、Diane Tang 和 Ya Xu 的《Trustworthy Online Controlled Experiments. A Practical Guide to A/B Testing》（Cambridge University Press，2020 年），提供一本關於在大規模設計和執行線上測試時可能遇到許多實際困難的書。Ron Kohavi 和 Roger Longbotham 的〈Online Controlled Experiments and A/B Tests〉中，可以找到一個相對較短且總結的版本，收錄在 D. Phung、G. I. Webb 和 C. Sammut 編輯的《Encyclopedia of Machine Learning and Data Science》（Springer），也可在線上找到（*https://oreil.ly/DDRZd*）。

Nicholas Larsen 等人的〈Statistical Challenges in Online Controlled Experiments: A Review of A/B Testing Methodology〉（arXiv：*https://oreil.ly/R0uiR*，2022），提供相似主題的最新調查。例如，我還沒有討論的異質治療效應（heterogenous treatment effect），或 SUTVA 違規（SUTVA violation）。

我 發 現 Sean Ellis 和 Morgan Brown 的《Hacking Growth: How Today's Fastest-Growing Companies Drive Breakout Success》（Currency，2017），對設計和實作成功的假設備忘錄很有用。雖然他們專注於與增長相關的主題，但這種方法可以很容易地推廣應用。

## 第十七章

大型語言模型與
資料科學實務

據一項估計（*https://oreil.ly/2CoQ6*）指出，2023 年 5 月，由於人工智慧的進步，美國失去近 4000 份工作，占當月所有失業工作近 5%。另一份來自一家全球投資銀行的報告（*https://oreil.ly/xCO5d*）則稱，人工智慧可能替代 25% 的工作，而該領域主要參與者之一的 OpenAI 則估計（*https://oreil.ly/IhhLZ*），會有將近 19% 的職業存在顯著風險，其衡量標準是可能受人工智慧影響的任務比例。一些分析師（*https://oreil.ly/sq6AE*）也聲稱，資料科學本身可能也受到影響。

因此，像 GPT-4、PaLM2 或 Llama 2 這樣的大型語言模型（LLM），將如何改變資料科學的實務呢？這本書中提出的困難點，或者其他地方提出的難處，是否仍然對您的專業發展和職業晉升至關重要？

這一章與前幾章大不相同，因為我不會再討論任何技術，而是純粹推測人工智慧對資料科學實務可能產生的短期和中期影響，也會討論這本書的內容，是否足以應付目前人工智慧的顛覆性發展。

人工智慧的目前狀態

人工智慧是一個廣泛的領域，涵蓋許多不同技術、方法和途徑，但通常與使用非常龐大的神經網路和資料集相關聯。在過去的幾年中，影像識別和自然語言處理領域的進展速度已經大幅提高，但是最近推出基於 transformer 模型的 LLM，如 OpenAI 的 GPT4（*https://oreil.ly/tGzAm*），和 Google 的 Bard（*https://oreil.ly/ZWSZ4*），目前已因對勞動力市場的影響力，而引起不安和擔憂。

目前廣泛認為大型語言模型在執行自然語言任務方面表現出色，包括文本理解和產生、摘要、翻譯、分類和程式碼產生。有趣的是，隨著模型的規模達到一定閾值，會出現一些意想不到的行為。這包括小樣本學習（*few-shot learning*），它允許模型從相當少量的觀察值中學習新任務，以及思維鏈推理（*chain-of-thought reasoning*），指模型透過將論點分成步驟來解決問題。

在一篇廣泛討論 LLM 對就業市場影響的論文中，Tyna Eloundou 等人（2023 年）研究了不同職業執行的具體任務，並根據它們對 AI 提高生產力的暴露（*exposure*）程度，將它們分為三組：無暴露、直接暴露、或透過 LLM 應用程式暴露。[1] 在其他許多有趣的發現中，顯示有一些技能與暴露程度的度量之間存在更強的相關性，圖 17-1 能說明他們的分析中基本技能和暴露之間的相關性。[2] 正如您所看到的，程式設計與暴露之間有最強的正相關性，而科學則有最強的負相關性；這表明那些在很大程度上依賴這些技能的職業，或多或少都受到影響。

對於資料科學來說，這代表什麼意思呢？只從基本技能出發，您可以假設某些部分受到高度暴露的影響，尤其是程式設計，而其他部分，具體來說就是科學和批判性思維則較少。但這實際上取決於您所認定的資料科學家工作。事實上，資料科學家在公司內部會執行各種各樣的任務，不只是機器學習（ML）和程式設計。

---

[1] 他們將暴露定義為，「衡量人類是否能夠透過存取 LLM 或 LLM 驅動的系統，來至少減少執行特定（詳細工作活動），或完成任務所需 50% 以上時間的一種度量」。

[2] 在圖中，我平均他們的表 5 中報告的三個估計值，因此從方向上來看，捕捉到他們希望傳達有些技能曝露更多給 LLM 這件事的直觀理解。

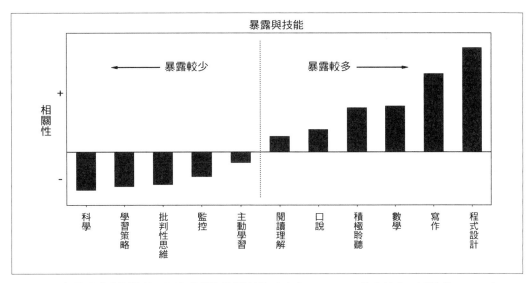

圖 17-1　與暴露的影響呈正面和負面相關的技能（來自 Eloundou 等人的表 5 平均值，2023）

資料科學家的工作內容為何？

為了更瞭解資料科學對目前人工智慧的暴露程度，我將查看實務工作者在職場上執行的具體任務。為了這項練習，我會使用 O*Net（*https://oreil.ly/fCcZO*）上呈現的任務清單，類似分析經常使用它；它並不完美，當然也不完整，但仍然提供一個有用的基準。

每個任務會評估根據資料科學中使用的 4 個主要基本技能：業務知識、機器學習和統計、程式設計以及軟技能。我的唯一目的是提供一個方向正確的評估，因此我將使用 3 個約略等級：低、中、高，分別編碼為 0、1 和 3，並以下面的 *x* 表示。

例如，我將使用統計軟體分析、操作或處理大型資料集的任務，在業務、機器學習、程式設計和軟技能方面分別排名為高、低、高和低。對我來說，分析這項任務需要對業務的深入瞭解，但除此之外，這項任務在很大程度上依賴程式設計。所有任務都將重複這個過程[3]。

3　實際排名可以在儲存區中找到：*https://oreil.ly/dshp-repo*。

為了獲得暴露度估計，我使用以下流程：

1. 根據 4 項基本技能評估每項任務。

2. 使用以下方程式計算每項任務的暴露度：

$$暴露度 = \overbrace{0.2 \cdot x_B + 0.8 \cdot x_{ML} + 1 \cdot x_P - 0.2 \cdot x_S}^{基本技能} - \underbrace{(0.2 \cdot x_B \cdot x_{ML} + 0.2 \cdot x_B \cdot x_P)}_{分析技能}$$

這是我制定這個公式的邏輯和假設：

• 所有基本技能都可以由 LLM 學習，至少在某種程度上。關於暴露，我將它們排名為軟技能 < 業務知識 < 機器學習 < 程式設計，因此反映在線性的權重上。這種順序捕捉到的直覺是，至少在短期內，程式設計比機器學習更容易受到暴露，機器學習又比業務知識更容易受到暴露，而業務知識又比軟技能更容易受到暴露。

• 我認為涉及業務知識的機器學習和程式設計任務需要分析技能和批判性思考，這在達成人類水平或通用人工智慧（AGI）之前更難發展。因此，我包括了會降低暴露度度量的交互作用項。

軟技能的重要性值得進一步討論：我認為軟技能在人與人之間的互動中仍然非常重要。儘管現在聽起來有些牽強，但不難想像一種未來狀態，AI 會完全取代互動過程中的單一個人，而軟技能可能變得無關緊要。

結果呈現在表 17-1 中。O*Net 網站列出的 15 項任務中，40% 會歸類為高度暴露的技能，20% 為中度暴露，40% 具有低暴露度。對我來說，從特定任務的暴露度度量來看，它在方向上是正確的，並且如預期那樣，程式設計和機器學習任務更容易受到暴露，但對分析技能的需求降低它們的整體暴露度。

低暴露度度量中的 6 個任務都極依賴業務知識、分析技能或軟技能。在所有資料科學家識別或提出解決方案的低暴露任務中，分析技能發揮了重要作用。

在光譜的另一端，我評估高度暴露的任務更容易使用目前 AI 技術來自動執行。在目前的時間點上，其中一些仍然需要專業人員參與，但在不久的將來可能不再需要。

表 17-1　資料科學任務和暴露

任務	暴露度
將數學建模和資料分析的結果,以口頭或書面形式呈現給管理層或其他最終使用者。	低
向主要利益相關者推薦以資料為基礎的解決方案。	低
透過資料分析,來確定可以透過資料分析解決的業務問題或管理目標。	低
使用資料分析的結果,提出解決業務問題,如預算、人員配備和行銷決策的方案。	低
使用數學理論和技術,提出在工程、科學和其他領域的解決方案。	低
閱讀科學文章、會議論文或其他研究來源,以識別新興的分析趨勢和技術。	低
將特徵選擇演算法應用於預測感興趣結果的模型,如銷售、流失和醫療使用。	中
使用統計軟體分析、操縱或處理大量資料。	中
設計調查、民意調查或其他蒐集資料的工具。	中
使用統計軟體清理和操縱原始資料。	高
識別可能影響研究結果的關係、趨勢或任何因素。	高
測試、驗證和重構模型,以確保能夠準確預測感興趣的結果。	高
使用採樣技術來確定應該接受調查的群體,或使用完全列舉方法。	高
使用統計效能度量,如損失函數或已解釋變異數的比例來比較模型。	高
使用程式設計語言編寫新的函數或應用以分析。	高

演化資料科學家的職位描述

將資料科學家通常會執行的 15 項任務列為基準職位描述,並假設有關暴露的預測至少在方向上是正確的,顯然隨著在公司中部署更強大的 AI,資料科學的實務也將與時俱進。

至少在程式設計方面,目前似乎存在一致的觀點,即 AI 的目前狀態能明顯提高開發人員的生產力。像 GitHub Copilot(*https://oreil.ly/wFQg7*)和 Bard(*https://oreil.ly/a4RD9*)這樣的工具越來越普遍,有充分理由相信資料科學家和資料工程師也在使用這些工具。一些評論家甚至談到提升 10 倍的生產力(*https://oreil.ly/n-2WO*),最近的調查(*https://oreil.ly/4k_AR*)指出,超過 90% 的開發人員已經使用 AI 作為生產力工具。

然而，顯然可以看出，LLM 的目前狀態還需要人類專家參與，既可以提示和引導 AI 獲取所需的答案，也可以除錯可能出現的錯誤，並處理任何可能的幻覺（*https://oreil.ly/ZlGRN*）。此外，與純軟體開發中的大部分工作不同，使用資料來進行程式設計，會要求輸出在業務層面上具有其意義，而這項任務目前還是需要一個熟練的人類。

但值得問的是，在不久的將來，業務利益相關者是否將能夠直接與人工智慧互動，從而使資料科學家的工作完全顯得多餘。

例如，在許多公司中，資料從業者會從利益相關者那裡獲取業務需求，然後編寫必要的 SQL 查詢以產生報告或儀表板。這是我認為高度暴露於人工智慧的一項任務，因此很可能會從資料科學家的未來職位描述中消失。

未來，對於資料科學的工作會如何描述呢？再次假設尚未達到通用人工智慧（否則，每個職業都必須重新定義），我認為存在兩種可行的長期情景[4]：

- 非技術業務利益相關者變得以資料來驅動（*data-driven*），學會從資料中提問，並分析和以科學角度思考其業務問題。
- 資料科學家變得精通業務和分析，並學會基於證據做出業務決策。

在第一種情景中，資料科學職業消失，非技術業務人員經歷大量再訓練，以獲得與人工智慧互動並以資料方式回答業務問題所需的技能（想像一下早期的 SQL 範例）。在這種情況下，人工智慧增強具業務領悟能力的從業者能力。

在第二種情景中，業務利益相關者變得多餘，資料科學家使用人工智慧執行技術任務，並充分利用其獨特的分析技能和對業務的瞭解。

如果能成真的話，比較有可能出現哪一種情景？我猜這取決於哪種技能更難獲得，是以資料來驅動（並以科學角度思考業務問題），還是精通業務？根據我過去十年中的經驗和觀察，以資料來驅動能受到很多關注，但非技術業務人員在以資料來驅動的第一線方面，並未取得實質進展，只是資料科學家在業務領悟能力方面也沒有多大進展就是了。也許當生存岌岌可危時，變革才會發生。

案例研究：A/B 測試

我將使用 *A/B* 測試的案例來解釋這些預測和推測。在其核心，*A/B* 測試需要兩組技能：

---

[4] 老實說，快速的進展節奏使得很難預測事情可能會在何時發生。

業務

定義並優先處理要測試的假設備忘錄，以及用來評估實驗的結果度量。

技術

設計實驗，隨機分組並確保能夠達到識別因果效應的假設，以測量影響。

我猜想，在大多數公司中，目前這些領域的資料科學家和商業利益相關者之間，在功能方面幾乎完全壁壘分明。但撇開那 1% 需要對實驗設計和評估具有高度專業化、第一線知識的特殊情況，我猜想只要使用目前的技術，就可以自動完成技術細節的大部分工作；而 LLM 可能只是中介角色。在我看來，（非第一線）A/B 測試的真正困難點在於，提出良好的度量和用來測試的好假設。

人類在得益於 AI 的增強之後，應該能夠在公司進行的絕大多數測試中發揮作用。由於用於訓練 LLM 的大量資料，我也可以看到人類在構思假設的過程中使用 AI，但如果沒有深入瞭解世界和業務運作方式，以及底層因果機制，我認為 AI 在這個領域並不是那麼重要。

當然，我不認為 AI 會完全獨立地執行技術方面，會有一位具有專業知識的人引導這個過程。問題是，會是誰？以及他們的角色如何稱呼？

案例研究：資料清理

資料科學家花了相當多時間清理和轉換資料，使其適用於更有價值的目的。同樣的，我將假設資料清理過程的簡單部分是實際執行，其中使用了 SQL 或像 Python、R 這樣的其他程式語言，就像現今普遍運作方式那樣。

真正困難的部分是做出依賴於關鍵業務知識的決策，典型的範例是您是否應該將空值轉換為 0？答案是，在某些情況下這樣很有道理，但在其他情況下則不是，還是要取決於業務環境。資料品質是另一個範例，您最終會知道事物之所以正確，是因為它們從業務角度來看是有道理的。

非技術性的業務利益相關者，是否可以透過 AI 的幫助來處理這些決策？我認為答案是肯定的，但這可能需要一些再訓練，或者至少需要一些有充分文件記錄的過程。當然，可以想像在將來，會拿這些內部手冊來訓練公司的 AI 代理。

案例研究：機器學習

機器學習使用案例又將如何呢？一開始，資料科學家就要決定應該為特定使用案例使用哪種技術。我猜想，使用目前狀態的 LLM，人工智慧可以輕鬆幫助非技術性的商業利益相關者做出這個決定；因為網路上有很多關於執行時機和內容的討論，而這是用於訓練目前一系列 LLM 語料庫的一部分。換句話說，我認為人類在做這個決定方面並沒有比較優勢：再次撇開需要高度專業化才能應對的 1% 左右使用案例，您只需要一個記錄資料科學家今天在工作中學到事物的劇本。然而，關鍵在於理解這個工具之所以好過其他工具的理由，顯然，LLM 遠未達到這種智慧水準。

今日一流的資料科學家，確實專注於每個預測演算法的技術細節，並利用這些知識來微調模型以提高效能。例如，訓練一個開箱即用的梯度提升分類器非常容易，但要知道要優化哪些超參數以提高預測效能，才是功夫。但事實上，已經有自動化的機器學習框架可以處理這一點，也因此，我不再認為這是一個讓資料科學家相對於人工智慧更有比較優勢的關鍵技能。此外，LLM 可以或將會用在需要時建議替代方案，同樣是因為訓練資料的記憶／資訊檢索。

所以 ML 的困難處在哪裡，人類在哪一方面明顯比 LLM 具有更多優勢？我認為是能夠提出以下假設：一組特徵之所以可以預測給定結果的潛在因果機制原因。此處，工作描述的科學部分至關重要，並且在未來，可能使資料科學家在這方面比非技術性的商業人士更具優勢。

LLM 和本書

這本書提供旨在幫助您成為更有生產力的資料科學家技術。當然，這些技術對 AI 的暴露度，會因執行它們所需的基本基礎技能組合而有所不同。

表 17-2 使用與之前完全相同的方法，對每一章的暴露度做出主觀評估。再次強調，我的目標只是方向正確，而結果對我來說看起來是合理的：第一部分的章節更依賴於商業知識和軟技能，並且在程式設計技能和 ML 或統計知識方面的需求較少，因此暴露度較小。第二部分則處理更多關於 ML 和統計的內容，因此暴露度較大。

表 17-2　按暴露度排序本書章節

章節	主要課程	暴露度
1. 摘要重點！	如何衡量團隊影響的方法	低
7. 敘事	在建立專案之前和之後建構敘述的方法	低
6. 提升	查看不同群組之間差異的技術	低
2. 度量設計	找到更好的度量以採取行動	低
3. 增長分解	瞭解業務正在發生的事情	低
4. 2×2 設計	簡化對複雜問題的理解	低
5. 業務案例	如何衡量特定專案的影響	低
8. 資料視覺化	提取知識並傳達資料視覺化的關鍵資訊	中
15. 增量性	瞭解因果關係的基礎	中
16. A/B 測試	實驗設計	中
10. 線性迴歸	加強對 ML 演算法運作方式的直覺	中
13. 講故事	ML 用於建立特徵和解釋結果的講故事	高
14. 從預測到決策	從 ML 做出決策	高
9. 模擬和自助法	深化對 ML 演算法理解的工具	高
11. 資料洩漏	識別並修正資料洩漏	高
12. 模型生產	部署到生產中的最小框架	高

這代表什麼意思呢？讓我們想像任務，不是不暴露，就是完全暴露；前者意味著 LLM 毫無價值，後者意味著人工智慧可以自己完成任務。事實上，大多數職業中的任務，在某種程度上都處於中間地帶，但先暫時擱置這一點。在這個極端的世界中，您應該投資於前者類型的技能，因為它們會使您比 LLM 更為特殊。

這個練習的主要目的是，鑑於目前 LLM 的能力，書中學到的一些技能更值得您花時間和精力來發展。請注意，我並不是說，您不用努力成為出色的程式設計師或 ML 及統計專家。相反的，至少對於程式設計而言，LLM 的崛起，會使這項技能對於像您這樣的資料科學家來說，變得沒那麼有價值。對於 ML 和統計學來說，現在判斷還為時過早。

當然，我的預測應該帶有一些保留，但我確實認為，在短期內，資料科學家的生產力，可能會在 LLM 能產生高品質程式碼的單獨能力支持下得到增強，前提是在由熟知的人類協助下。長期的情況則充滿各種不確定性，資料科學實務可能會在短期內完全重新建立，甚至不復存在，正如之前討論的那樣。

主要重點

本章重點可總結如下：

LLM 改變了工作場域。

> 2023 年可能是 AI 首次對勞動力和勞動市場產生有形影響的一年。

資料科學正在受到影響。

> 與軟體開發者類似，AI 對資料科學實務的即時影響，主要表現在程式設計生產力方面。

許多資料科學家常常進行的其他任務也受到 AI 的影響。

> 我分析 O*Net 列出的 15 項任務，發現約 40% 的任務暴露度較高，20% 的任務暴露度中等。更依賴程式設計的任務自然而然地暴露度較高，但我認為中期內，機器學習和統計學也會受到影響。對於業務知識和軟技能，我假設其暴露度較低。

資料科學職業描述的變化。

> 我的最佳猜測是，資料科學的實務在不久的將來會發生變化，會減少對程式設計和機器學習技能的依賴，更加強調分析技能、因果關係和業務知識。

深入閱讀

由於領域發展迅速，本主題建議閱讀的文獻可能很快就會過時。不過，以下仍然是一些指引我理解該領域狀況的文章。

Tyna Eloundou 等人的〈GPTs are GPTs: An Early Look at the Labor Market Impact Potential of Large Language Models〉，於 2023 年 3 月檢索自 arXiv（*https:// oreil.ly/lDoUs*）。

Sebastien Bubeck 等人的〈Sparks of Artificial General Intelligence: Early Experiments with GPT-4〉，於 2023 年 4 月檢索自 arXiv（*https://oreil.ly/aN_xl*）。該論文引發了一場關於我們是否接近達成 AGI 的有趣辯論，他們主張未來這一系列 LLM 很可能會標記為原型 AGI。值得注意的是，許多領先的研究人員，特別是 Yann LeCun（*https://oreil.ly/rj8tu*，另見此處：*https://oreil.ly/2x2KQ*），認為自迴歸（autoregressive）模型無法引導 AGI。

Ali Borji 所撰寫的〈A Categorical Archive of ChatGPT Failures〉（2023 年 4 月），檢索自 arXiv（*https://oreil.ly/Q9K0V*）。該論文不斷更新，展示目前 AI 狀態下事情可能出錯的情況。

Grégoire Mialon 等人撰寫的〈Augmented Language Models: A Survey〉（2023 年 2 月），檢索自 arXiv（*https://oreil.ly/o_WWd*）。即使 LLM 還沒有達到人類水平的智能，仍有方法可以提高它們的推論，或使用外部工具的能力，進而涵蓋更廣泛的使用案例。

以下兩篇論文討論 LLM 在其規模繼續增加時的新能力：

Jason Wei 等人，〈Emergent Abilities of Large Language Models〉（2022 年 10 月），檢索自 arXiv（*https://oreil.ly/ZcWNn*）。

Rylan Schaeffer 等人，〈Are Emergent Abilities of Large Language Models a Mirage?〉（2023 年 5 月），檢索自 arXiv（*https://oreil.ly/CEqdI*）。

索引

※ 提醒您：由於翻譯書排版的關係，部分索引名詞的對應頁碼會和實際頁碼有一頁之差。

關於作者

Daniel Vaughan 目前是一位自由接案的資料科學家，和機器學習／人工智慧實務工作者兼策略師，同時著有《Analytical Skills for AI and Data Science》（O'Reilly，2020）一書。擁有超過 15 年開發機器學習模型的經驗，以及超過 8 年領導資料科學團隊的經歷，他熱衷於透過資料科學來創造價值並培養年輕人才。他於 2011 年獲得紐約大學經濟學博士學位。在空閒時間，他喜歡跑步、在墨西哥城和他的狗一起散步、閱讀和演奏音樂。

出版記事

本書封面上的動物是斑馬魚（*Danio rerio*）。斑馬魚是淡水魚，屬於鯉科，原產於南亞，牠們以身體兩側延伸至尾鰭末端的五條藍色橫條而命名。雄性在藍條之間有金色條紋，而雌性則在藍條上有銀色條紋而非金色。在野外，斑馬魚通常可以長達 1.5 英寸（約 3.8 公分），壽命為兩到三年。牠們通常生活在淺水中，包括小溪、池塘和稻田。

由於斑馬魚色彩繽紛且易於飼養和繁殖，因此成為受歡迎的水族館魚類。牠們的卵會在兩三天內孵化，三到四個月後達到成熟。牠們也因為是典型的脊椎動物模型生物，而在科學研究中廣受歡迎，部分也是因為牠們透明的卵和幼蟲，易於觀察其發育。

由於大量存在於其自然棲息地中，斑馬魚為無危（least concern）的物種。O'Reilly 書籍封面上的許多動物都瀕臨絕種，牠們對世界來說都很重要。

封面插圖由 Karen Montgomery 製作。

資料科學：困難部分

作　　者：Daniel Vaughan
譯　　者：楊新章
企劃編輯：詹祐甯
文字編輯：江雅鈴
設計裝幀：陶相騰
發 行 人：廖文良

發 行 所：碁峰資訊股份有限公司
地　　址：台北市南港區三重路 66 號 7 樓之 6
電　　話：(02)2788-2408
傳　　真：(02)8192-4433
網　　站：www.gotop.com.tw
書　　號：A772
版　　次：2024 年 06 月初版
建議售價：NT$680

國家圖書館出版品預行編目資料

資料科學：困難部分 / Daniel Vaughan 原著；楊新章譯. -- 初
　　版. -- 臺北市：碁峰資訊, 2024.06
　　　面；　公分
　　譯自：Data science: the hard parts.
　　ISBN 978-626-324-819-9(平裝)
　　1.CST：資料處理　2.CST：資料探勘　3.CST：機器學習
312.74　　　　　　　　　　　　　　　　　113006886